U0302221

国家自然科学基金资助项目(51904172)

山东省自然科学基金资助项目(ZR2019QEE041)

# 煤岩升温及损伤破坏过程的电磁辐射效应

## Electromagnetic Radiation Effects of Coal in Rock Heating and Combustion Process

孔　彪　王恩元　李增华　张　斌　著

东南大学出版社

·南京·

**图书在版编目(CIP)数据**

煤岩升温及损伤破坏过程的电磁辐射效应/ 孔彪等著. — 南京:东南大学出版社,2020.10
ISBN 978 - 7 - 5641 - 9151 - 1

Ⅰ.①煤… Ⅱ.①孔… Ⅲ.煤岩 - 岩石破裂 - 电磁辐射 - 辐射效应 - 研究 Ⅳ.①P618.11

中国版本图书馆 CIP 数据核字(2020)第 197740 号

煤岩升温及损伤破坏过程的电磁辐射效应
Meiyan Shengwen Ji Sunshang Pohuai Guocheng De Dianci Fushe Xiaoying

| | |
|---|---|
| **著 者** | 孔 彪 王恩元 李增华 张 斌 |
| **责任编辑** | 贺玮玮 邮箱:974181109@qq.com |
| **责任印制** | 周荣虎 |
| **出版发行** | 东南大学出版社 |
| **地 址** | 南京市四牌楼 2 号 邮编:210096 |
| **出 版 人** | 江建中 |
| **网 址** | http://www.seupress.com |
| **经 销** | 全国各地新华书店 |
| **印 刷** | 南京玉河印刷厂 |
| **开 本** | 787 mm×1092 mm 1/16 |
| **印 张** | 8.75 |
| **字 数** | 185 千字 |
| **版 次** | 2020 年 10 月第 1 版 |
| **印 次** | 2020 年 10 月第 1 次印刷 |
| **书 号** | ISBN 978 - 7 - 5641 - 9151 - 1 |
| **定 价** | 45.00 元 |

本社图书若有印装质量问题,请直接与营销部联系。
电话(传真):025 - 83791830。

# PREFACE 前言

煤炭在开采、运输和储存过程中,均易受到煤自燃的威胁。我国是世界上煤自燃火灾危害最严重的国家之一。煤自燃烧毁大量煤炭资源,污染生态环境,威胁矿井及周边人员生命财产安全。煤田、采空区遗煤、破裂煤柱和储煤堆(矸石山)等自燃隐蔽火灾形成初期很难被发现,虽然煤自燃高温火源探测技术已取得一定进展,但是由于煤自燃隐蔽火灾的形成、发展以及影响因素的复杂性,煤自燃高温火源探测仍是一个世界性难题。高效快捷地非接触式探测并定位煤自燃隐蔽火源存在重大需求。

本书针对煤自燃隐蔽火源探测的难题,通过实验室实验、理论分析和现场测试等手段研究煤燃烧及升温过程的电磁辐射信号变化特征,揭示煤升温及燃烧过程电磁辐射产生机制,提出煤田火区电磁辐射探测方法并进行现场应用。本书的主要成果和结论如下:

研究揭示了煤岩升温及燃烧过程的电磁辐射信号时-频特征。分别建立了煤升温及燃烧电磁辐射测试系统,首先测试得到煤受热及燃烧过程能够产生显著的电磁辐射,且燃烧阶段和升温阶段电磁信号有差异;电磁信号频率涵盖了低频至高频范围;电磁辐射信号与温度呈正相关变化,具有长程相关性,即随着时间和温度的增加,电磁辐射信号呈增大的变化趋势。依据多重分形理论,采用电磁辐射分形谱的形态以及分形参数 $\Delta\alpha$ 和 $\Delta f$ 的动态变化来表征不同温度阶段煤的热损伤状态,随着温度的升高,电磁辐射时间序列呈离散性降低,煤体损伤复杂性减弱,热损伤程度增加。本书采用归一化处理方法分析了不同频率电磁辐射信号与 CO 的增长变化特性,分析了电磁辐射频域变化特征,煤升温过程中,电磁辐射频谱具有主频带变宽、主频波动以及低频辐值显现的变化特性;进一步通过电磁辐射主频和幅值的变化,分析了煤升温时的内部损伤破坏状态。

本书对比分析了煤岩受热升温与受载破坏电磁辐射信号的变化特征及差异,建立了煤岩复合损伤破坏电磁辐射测试系统,测试了无约束条件、常温单轴压缩条件、高温处理后受载破坏和升温加载耦合 4 种条件下煤岩的力学参数及电磁辐射变化。分析了煤岩在升温加载耦合条件下的变形及强度劣化特征,对比了上述 4 种条件下电磁辐射信号的特征差异。由于煤岩经受温度和载荷复合损伤,电磁辐射信号的测值及变化趋势明显高于单一受载或者升温条件下的信号变化,电磁辐射信号频率发生迁移,以高频信号为主,幅值呈逐渐增大的变化趋势。

研究揭示了煤升温及燃烧过程产生电磁辐射的机制,建立了煤受热升温热电耦合模型。采用扫描电镜并结合声发射技术精细化表征了煤岩热损伤宏微观裂隙的演化过程。煤受热升温热致变形破裂使得自由电荷积聚,加之煤体内部对偶极子瞬变以及热电子跃迁引发自由电子变速运动,进而产生电磁辐射;煤燃烧火焰产生带电离子,带电离子的链式反应能够形成感应电磁场,并产生电磁辐射。分析煤岩热膨胀系数的变化特性,定量计算了煤岩在温度作用下的热应力大小;运用弹性模量的变化表征了煤岩的热损伤程度,依据损伤力学等理论建立了煤受热升温热电耦合模型。

本书提出了煤田火区电磁辐射探测方法并进行了现场验证与应用。根据煤氧化升温及煤岩受载破坏电磁辐射频谱及传播特性,选择定向低频电磁辐射天线(范围:0~100 kHz)加定向宽频天线(0~500 kHz)的组合方式进行现场探测,研究给出了利用电磁辐射定向定位煤田火区高温异常区域的判定依据;选取新疆乌鲁木齐大泉湖煤田火区,分别在高温区域和区域外测试了电磁辐射信号;分析了煤田火区电磁辐射信号的空间变化特征,高温区域内的电磁辐射信号与温度具有较好对应性;利用电磁辐射定向定位高温异常区域,结合钻孔温度进行了验证。

本书的研究成果为应用电磁辐射探测煤自燃隐蔽火源,在线监测预警煤田火区、煤堆火灾以及采空区自燃危险性提供了依据。

# CONTENT 目录

# 1 绪论

## 1.1 研究背景及意义

煤炭资源主要分布在美国、中国、俄罗斯、印度、澳大利亚、南非等国家。中国的煤炭产量及煤矿数量均为世界第一,2017 年中国煤炭产量超过 34 亿 t,煤炭消费量占世界一半,占我国一次性能源消耗量的 70%,煤炭仍是我国主体能源[1-2]。煤炭在开采、运输和存储过程中,均易受到煤自燃的威胁,主要表现为:

(1) 我国西部地区由于煤层埋深浅、开采强度大、综放采空区遗煤多、漏风规律紊乱、漏风供氧充分等原因,易引起热量积聚和遗煤自燃;其中,新疆、甘肃、青海、宁夏、陕西、山西、内蒙古等 7 个产煤大省(自治区)现共有 200 多个煤田火区,火区总面积达 720 km²[3]。此外,四川叙永、福建龙岩、湖南怀化等地也出现了新的煤田火区[4]。

(2) 我国东部和北部的煤矿以井工开采为主,随着开采深度的日益增大,深部矿井的数量不断增多;在深部高地应力、高地温、高瓦斯、高水压等环境和高强度开采扰动下,冲击地压、煤与瓦斯突出、矿井突水、巷道围岩大变形、地热灾害、自然发火等矿井灾害越来越频繁[5-6]。井下厚煤层开采过程中,煤岩破碎量大、遗煤较多,为自然发火提供了供氧、蓄热条件,矿井火灾频发。

(3) 电厂、码头、集运站等储煤场的煤堆普遍存在自然发火现象;呈碎裂状态堆积的煤,由于暴露在大气环境中持续发生氧化而造成热量积聚,温度不断升高导致自燃。目前我国规模较大的矸石山约有 1 500 座,具有自燃危险的大型矸石山约有 300 座[7-8],由于发火地点比较隐蔽,因此煤堆(矸石山)易发生大面积自燃。

煤自燃火灾不仅会烧毁大量的煤炭资源和设备,而且会产生大量的有毒、有害气体和高温烟流,危及井下工作人员的生命安全,有时还会诱发瓦斯、煤尘爆炸,进一步扩大其灾难性[9]。煤火燃烧形成地下空洞,导致地表沉陷与坍塌,直接威胁地表居民区的基础设施与生产生活的安全;煤火的发生引发了植被退化、土地退化、水体污染、生态环境破坏等问题[10]。

煤自燃火灾的探测及预警是防治火灾的难点,煤田、采空区遗煤、破裂煤柱自燃和储煤堆(矸石山)自燃等隐蔽自燃火灾形成初期很难被发现,即使出现自燃的征兆或发生自燃,也很难找到火源地点。高效快捷非接触地探测煤自燃火灾的发生及定位火源的位置非常有必要。进一步,如果能够在线预警煤田火灾、煤堆火灾以及井下厚煤层巷道或者采空区自燃危险性,在煤自燃火灾发生前期,防止煤自燃火灾蔓延扩大,对煤炭资源的保护和工人的生命安全起到重要保护作用。

煤岩体在温度作用下易发生宏细观的变形、破裂[11-13]。电磁辐射与煤岩体的变形及破裂过程密切相关,其具有可定向以及交叉定位、非接触测试、方便快捷、信息量大的优点[14-15]。基于此,本书将研究煤升温及燃烧过程中的电磁辐射效应,揭示煤升温及燃烧过程电磁辐射的变化规律及产生机制,进而应用电磁辐射技术进行煤自燃隐蔽火源的探测。

本书的研究将有助于应用电磁辐射技术进行煤自燃隐蔽火源的探测,圈定煤田火灾的范围,实现煤巷及煤堆自燃的持续探测及预警。本书的研究同时涉及煤岩体热损伤受载破坏力学行为、裂隙演化过程及电磁辐射特性,对地下工程中岩石的热稳定性评价具有理论意义和实践价值。

# 1.2 国内外研究现状

## 1.2.1 煤自燃防治研究现状

世界各国在治理煤自燃方面做了大量的工作,中德两国政府于2001年设立了"中国北方煤火探测、灭火与监测新技术研究"项目,并将其列入联合国教科文组织"中国生态环境可持续发展研究"框架支持的项目。2004年,国家高科技研究发展计划(863计划)启动了"地下煤层自燃遥感与地球物理探测关键技术研究"课题。2010年,德国柏林召开了第二届国际煤火大会。2017年,中国矿业大学召开了国际地下煤火防治与利用系列学术研讨会。针对煤炭自燃防治的研究,下面主要从煤自燃火灾机理、煤自燃火灾的危险性评价、煤自燃火灾防治三个方面进行论述。

### 1) 煤自燃火灾机理

自17世纪Plott提出黄铁矿导因学说以来,煤自燃机理学说主要有黄铁矿导因学说、细菌导因学说、酚基导因学说以及煤氧复合作用学说等[16-18],煤氧复合作用学说得到了大多数学者的赞同。20世纪90年代,Дрхим等研究得到煤中变价$Fe^{2+}/Fe^{3+}$离子可以产生具有化学活性的链,加快煤的自动氧化过程进而引发自燃,并提出了煤自燃电化学作用学说[19]。Lopez等指出煤在低温氧化过程中,氢原子在煤中各大分子基团间的运动,增加了煤中各基团的氧化活性,从而促进煤的自燃,进而提出了氢原子作用学说[20]。Wang等利用孔模型模拟了煤中孔隙的树状结构,提出了基团作用理论[21]。煤炭科学研究总院抚顺分院根据煤氧化的不同温度阶段,分析了煤的红外分光谱图和氧化前的标准谱图,提出了煤炭自然发火的支链氧化学说[22]。Li等提出了煤自燃的自由基作用学说,该学说认为煤分子链断裂的本质就是链中共价键的断裂,从而产生大量自由基,自由基为煤自然氧化创造了条件,引发煤的自燃[23]。王德明等建立了煤自燃过程中的13个基元反应及其反应顺序,揭示了由氧气引发的持续将煤中原生结构转化为碳自由基并释放气体产物的低活化能链式循环的煤氧化动力学过程[24-25]。

近年来,国内外学者在煤氧复合作用学说的基础上,采用更先进的实验技术手段和方法对煤自燃机理进行了深入研究。具体有:①热分析技术。彭本信对我国八个煤种进行TGA、DTA、DSC试验研究[26];邓军等分析了贫氧条件下特征温度点、TG及DSC曲线的变化规律,揭示了煤氧复合反应在贫氧条件下仍然能够持续,特征温度点在高温氧化阶段呈增大趋势[27]。②煤的活化能分析。煤的氧化反应能够进行所需的最小能量叫作活化能,刘剑等论述了煤的活化能的概念及其测试方法,利用活化能指标来划分煤的自燃倾向性[28];Nugroho等利用活化能研究了不同煤阶的自热性质的影响,认为颗粒的大小和表面积对临界环境温度的影响不同[29]。③煤分子结构模型分析。煤是一类巨大分子,其主要构架由包含异质原子和其他官能团的芳香族和氢化芳香族结构组成;核心部分即芳香环、烷烃环和杂环等。Wender模型是煤分子的典型代表模型[31]。④红外光谱分析。朱红青等研究了不同变质程度的煤在低温氧化过程中内部官能团的数量、种类及变化情况,分析了煤低温氧化时期官能团的宏观与微观临界点[32-33];余明高等根据煤的主要特征光谱峰以及特征官能团吸收光谱的强度变化,确定煤分子中的化学键和官能团对煤氧化能力的影响[34]。⑤分子动力学量子化学理论和计算方法。Gibbins等应用分子动力学和量子化学方法对煤中镜质组、丝质体以及壳质组的大分子结构特征进行了研究[35];王德明等利用量子化学计算,揭示了煤的氧化动力学过程[24]。⑥煤岩相学分析。Ribeiro等基于有机岩石学、矿物学和地球化学评估煤岩组分对煤矸石燃烧过程的影响[36];舒新前等从煤相学方面研究了神府煤煤岩组分的结构特征及其差异,得到丝炭容易自燃,是煤炭自燃的导火索的结论[37];张玉贵研究了煤岩成分、煤级和煤的还原性等因素对煤自然发火倾向性的影响,得到镜质组的自然发火倾向性最大[38]。

2) 煤自燃火灾的危险性评价

煤自燃火灾的危险性评价主要包括火灾的预测预报、火灾危险区域判定和火灾定位等。

(1) 煤自燃火灾的预测预报

煤自燃火灾预测技术是在煤未出现发火前兆时,分析煤的氧化特征参数及现场开采条件等,对煤的发火期及发火危险程度进行预测[39-40]。目前煤自燃火灾预测技术主要有四种:自燃倾向性预测法、综合评判预测法、统计经验法和数学模型预测法[41-43]。

煤层开采后,煤与氧气接触并放出热量,热量逐渐积聚,煤体温度逐渐增高,此时煤与氧气发生一系列物理、化学反应,产生多种气体产物。煤自燃火灾预报技术是基于上述研究,根据煤氧化放热时引起的温度、指标气体等参数的变化情况,较早发现自燃征兆,判断自燃状态的技术[44-45]。目前,预报方法主要有指标气体分析法、温度检测法、示踪气体法、气味检测法等[46]。

除此之外,煤自然发火的基础参数测试对煤自燃火灾的预测预报具有重要指导作用。

主要的参数测试有:煤自燃倾向性的测定、煤最短自然发火期的测定、煤自然发火预测预报中的标志气体及指标的选择、煤炭自然发火最佳阻化剂及其浓度选择、煤炭自然发火临界氧浓度测定、煤炭自然发火火区熄灭程度指标测定等[47-48]。

（2）煤自燃危险区域判定

煤自燃危险区域判定根据现场实际条件下采空区、巷道顶煤及巷道沿空侧遗煤自燃的极限参数（下限氧浓度、最小浮煤厚度、上限当量粒径等），推导出不同区域煤自燃的必要条件；根据自燃的必要条件，划分为极易自燃区域、易自燃区域、可能自燃区域和不自燃区域。徐精彩等提出了完整煤层自燃危险区域判定的理论体系[49-51]，如图1-1所示。

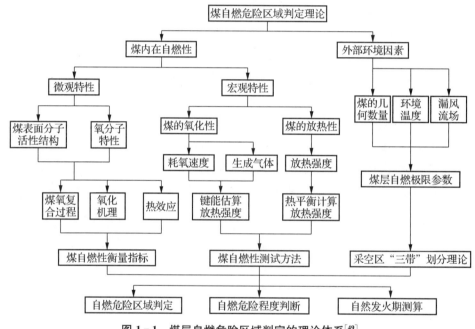

**图1-1　煤层自燃危险区域判定的理论体系[49]**

另外，根据火区产生的能量或放射性气体的异常情况，邬剑明等使用同位素测氡法探测煤矿自燃火源位置，系统研究测试的原理及应用效果[52-53]。王振平等应用红外探测技术对煤巷近距离（<10 m）自燃火源位置进行了深入的研究与实践，并提出了探测方法[54]。

（3）火灾定位技术

火源的定位主要是在煤自燃形成至发展过程中，采集引起煤及其围岩物理、化学性质变化的信息，分析研究并确定火源位置。目前主要的火源定位方法有:①温度场异常定位。由于高温热源在形成和发展过程中伴生的热物理化学变化，例如煤体氧化生成和释放热量，通过热传导，使煤体及其围岩形成温度场，则可通过测量温度场来确定火源位置[55]。②通过自燃产生的气体如CO、各种烃类、氡气等定位。通过测定气体浓度，并结合分析自燃物分布和漏风流场，大致确定火源位置[56-58]。③通过煤自燃后电性质和磁性质的改变判定火源位置和火区范围。实验表明，煤在低温氧化至燃烧的过程中，煤岩体的电性参数会发生显著变化[59-60]。

3）煤自燃火灾防治

煤自燃火灾的防治方法主要有开拓开采技术措施、防止漏风、均压防灭火、预防性灌浆等[2, 61-62]。

开拓开采技术措施包括合理地进行巷道布置，坚持正规的开采和合理的开采顺序，减少煤体破碎。均压防灭火技术实现了开区均压、闭区均压和联合均压的成功应用，通过改变通风系统内的压力分布，降低了漏风通道两端的压差，减少了漏风，从而抑制和熄灭火区[9,63]。

当前国内对煤田火区主要通过注水、灌浆、黄土覆盖及剥离等工艺进行灭火，但是，注水或灌浆灭火时水沿裂隙流失比较严重。国外也有使用石灰或者石膏等浓浆膏体进行灭火的，虽然灭火效果好，但是成本高。国外煤层防灭火基本上仍沿用传统技术及工艺，但其装备及技术先进；美国、德国等也研究用氮气灭火，但其成本高，并且在裂隙发育的煤田火区灭火效果相对较差。

近年来我国开发出了一系列煤火防治新材料、新工艺及设备，如胶体防灭火材料和设备、液态 $CO_2$ 防灭火技术、三相泡沫防灭火材料及设备等[39]。

## 1.2.2 煤自燃火灾探测研究现状

煤的燃烧改变了燃烧区的物理、化学特征，主要表现在：发生了磁场变化、电场变化、光场变化、热场变化；形成了烧变区、临界区和正常区[64-65]。国内主要将地下煤火的探测方法大体分为直接调查法、物探法、化探法和钻探法。

直接调查法是指派遣技术人员到指定地点，实地走访疑似的地下煤火区，并做井下测量[64]；物探法是指利用煤火区磁场和电场变化，在地面布设各种测网，观测研究区异常，确定地下煤火边界和中心[66-67]；化探法是指通过仪器捕捉煤火区异常化学成分释放析出的含量，或人为引入化学物质，利用煤火区对该物质的特殊反应来圈定地下煤火范围[68]；钻探法的目的主要是验证物探法和化探法的探测精度，通过钻探取芯分析，获取温度、CO 及煤岩的物理、化学数据，根据结果综合分析，确定煤层所处的状态[69]。地面调查法和钻探法费时费力，局限性大，其主要是物探法和化探法的前期准备和后期验证[70]。物探法主要包括磁法、自然电位法、高密度电阻率法、瞬变电磁法和激发极化法等。

磁法探测：煤层自燃时，烘烤后的上覆岩石的磁性随自燃温度升高而增强，在地面通过磁力仪探测火区的剩余磁化强度，可以确定煤层从燃烧中心到熄灭降温带的范围[71]。我国利用磁法探测煤火始于 1963 年，张秀山通过对磁测线剖面做定期观测，发现磁异常曲线向煤层倾斜推移的现象并对所采集的岩样进行了高温焙烧实验，实验结果与野外实际测量结果相符[72]。Ide 等利用磁法成功地划定了已燃烧、正在燃烧和未燃烧的煤层[73]。朱晓颖等采用人机交互法对地面实测磁异常剖面进行反演，有效地圈定了煤火区着火点的位置及范围[74]。

自然电位：煤层在自热和燃烧过程中，发生化学反应产生氧化还原电场和吸附电场，在燃烧煤层上就可观测到氧化还原电场值,可以用来圈定煤田火区范围[75-76]。1964年,张秀山发现了火区上部氧化还原电场的存在,目前新疆等地区仍在使用该方法与磁法联合圈定火区范围,并取得了较好的成果[77]。但是自然电位在反演推断火区燃烧深度和程度上研究较少[78-79]。

电法探测包括电阻率法和电磁法。正常情况下埋藏于地下的煤层,电阻率基本保持不变,但当煤炭自然发火后,煤层的结构状态和含水性发生较大变化,从而引起煤层和周围岩石电阻率的变化。在自燃的初期,电阻率会下降;在自燃后期,煤充分燃烧,水分蒸发,其结构状态发生较大变化,表现出较高的电阻率。基于此,可根据观测结果比较未自燃区和自燃区的变化情况,判断自燃区域的位置[80-81]。

Revil 等分析了地下煤火燃烧运移过程中的电阻率数据,通过电阻率反演探测煤火发展过程[82]。蔡忠勇利用高分辨和瞬变电磁法勘探火区下部空区和燃烧中心区[83]。邵振鲁等利用高密度电法探测煤火,通过实例验证了高密度电法探测煤火的有效性[84]。李晓春等在内蒙古自治区第一批煤田(矿)勘察工作中,利用自然电位法有效地圈定了火区边界[85]。对于电磁波法和电阻法,由于采空区内垮落落石和空气这两相介质构成的系统的不确定性,目前在火源位置圈定方面存在较多问题需要解决[86]。

常用地下煤火探测方法如表1-1所示。

表 1-1　常用地下煤火探测方法[70]

| 探测方法 | | 探测机理简述 | 优点 | 缺点 |
|---|---|---|---|---|
| 直接调查法 | | 人工实地走访、测量 | 结果较为可靠 | 费时费力,大部分火区难以到达 |
| 钻探法 | | 对火区进行钻探取芯,进行综合分析 | 结果非常可靠 | 耗费大量人力物力 |
| 物探法 | 磁法 | 利用煤火区岩石层磁性变化 | 抗干扰性好;工作可靠,经济 | 探测深度和分辨率不够 |
| | 地质雷达法 | 高频电磁波遇到不同介质时产生回波差异 | 方法简便,迅速 | 准确率一般 |
| | 高密度电阻率法 | 利用自燃煤层电阻率异常 | 方法简便,经济 | 探测深度有限 |
| | 瞬变电磁法 | 基于电性差异,发射电磁脉冲 | 有效探测采空区和煤火燃空区 | 抗干扰能力差 |
| | 激发极化法 | 煤火区使电力线和电位线发色 | 可靠性好,分辨率高;抗干扰能力强 | 需要实验和数学建模 |
| | 气体探测法 | 煤在不同温度产生的气体种类和浓度不同 | 方法简单,经济,可做定性研究 | 受限于煤层深度;无法确定煤层自燃位置和速度;干扰因素多,可靠性差 |
| 化探法 | 氢气探测法 | 煤层自燃后产生氢气 | 设备操作灵活 | 抗干扰性差 |
| | 双元示踪技术 | 将 $SF_6$ 和 $CF_2ClBr$ 作为示踪剂进行色谱分析 | 结果可靠简单 | 对热解温度过高与某些非高温情况不适用 |

### 1.2.3 煤岩变形破裂电磁辐射研究现状

煤岩发生变形破裂时,煤岩体中的能量会以热能、弹性能、声能、电磁能的形式释放出来,煤自燃过程中的红外辐射法即是基于上述能量释放得来的一种有效探测方法。煤岩电磁辐射是煤岩等材料在变形破裂过程中以电磁波的形式放散能量的一种现象[86],电磁辐射的波谱比较宽,如图1-2所示,其中红外和可见光等都属于电磁辐射范畴,只是频率和波长不同。

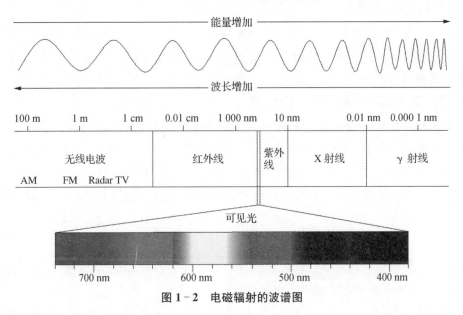

**图1-2　电磁辐射的波谱图**

1) 煤岩受载破坏电磁辐射产生机理

煤岩电磁辐射技术是一种新兴的地球物理勘探技术,苏联和我国研究得比较早,美国、德国、日本也开展了电磁辐射方面的研究[87-88]。钱书清等通过野外测试发现岩石破裂时产生显著的电磁辐射信号,地表岩石破裂时电磁脉冲的主能谱约为200 Hz[89];朱元清等提出岩石破裂时的电磁辐射是由裂纹尖端电荷随着裂纹加速扩展运动所产生的[90];张建国等[91]研究了汶川MS8.0级地震前后ULF电磁辐射频谱特征,发现地震前电磁波频谱变化特征较明显,在时间、频段上均显示了阶段性进程特征,且随着震中距的增大,辐射能量越小,异常出现的时间越晚。

煤岩受载电磁辐射产生机理研究有:何学秋和刘明举首先证实了煤岩在变形破裂过程中有电磁辐射产生,提出电磁辐射的产生是煤岩材料的诱导电偶极子瞬变、裂隙边缘分离电荷的变速运动及弛豫的综合作用[92];Nitsan提出压电效应是电磁辐射的重要来源[93];Гохбеpr等提出煤岩体受载破坏时的裂隙表面上的电荷分离以及电荷产生过程中的弛豫现象产生了电磁辐射[94];Ogawa等认为岩石破裂时产生新生表面,其裂缝的两侧壁面带有相反的电荷,它相当于一个偶极子进行充电和放电,向外辐射电磁信号[95];Cress等认为岩石破裂时有新生碎片,这种碎片的表面有静电荷分布,带电岩石碎片的转动、振动和直线运动是产生低频电磁辐射的主要原因,断裂面上电荷分离产生的强电场使壁面间的气体击穿是产生高频电磁辐射的原因[96];郭自强等提出了电子发射的压缩原子模型,认为当岩石受到压缩时,在局部区域形成应力集中,一些原子的外壳电子有可能获得高的动能逃逸出来,形成电子发射[97];He 等对载荷作用下煤岩体的电磁辐射规律及特征进行了大量的实验测试[98];Wang 等认为非均匀变速形变引起煤岩体中的自由电荷重新分布和带电粒子变速运动,进而产生电磁辐射[99]。

综合以上分析,可以发现电磁辐射与煤岩体的受载变形及破裂过程密切相关,煤岩体的力电效应(包括压电效应、斯捷潘诺夫效应、摩擦起电、双电层的破坏与断裂)和动电效应均是产生电磁辐射的来源。

2) 煤岩受载破坏电磁辐射时-频特征

煤岩受载变形破裂过程中,电磁辐射时序信号具有非线性特征,王恩元等对煤岩破坏电磁辐射信号进行了赫斯特(R/S)统计分析,研究结果表明,电磁辐射信号符合赫斯特统计规律,说明在煤岩受载破裂过程中,电磁辐射信号基本呈现逐渐增强的趋势[100]。

魏建平等利用固定质量法对煤岩电磁辐射多重分形维数进行了计算,认为电磁辐射强度序列具有多重分形的特征[101]。为提高电磁辐射预测煤岩体动力灾害的准确性,姚精明等采用室内实验和分形理论相结合的方法研究单轴压缩煤岩体产生的电磁辐射分形特征[102]。邹喜正等对现场采集的煤岩电磁辐射数据进行分形特征分析,用关联维数描述电磁辐射强度、电磁辐射脉冲数等参数随时间的变化[103]。

煤岩加载破坏时会有不同频段的电磁信号产生,通过实验测试,目前已发现的煤岩体变形破裂产生的电磁辐射已经涵盖了从甚低频(3～30 Hz)、超低频(30～300 Hz)、低频(30～300 kHz)、中频(300～3 000 kHz)、高频(3～30 MHz)、甚高频(30～300 MHz)、红外、可见光等各个频段。

Nitsan 发现电磁发射的最大功率出现在 1～2 MHz 频段之间[93]。Cress 等在不含压电材料的玄武岩试样破裂时观察到了低频电磁辐射和可见光[96]。Yoshida 等认为花岗岩的电磁发射频率主要在 0.5 MHz 以上,电磁辐射谱取决于裂纹的尺寸和扩展速度[87]。钱书清等研究了岩石破裂过程多频段(VLF,MF,HF,VHF)电磁辐射特征,发现不同频率出现的时间有时不同步,一般是超低频信号先出现[89]。

王恩元等对受载煤岩体变形破裂时电磁辐射的频谱特征进行了研究[86],在受载煤岩体变形破裂过程中电磁辐射的频带很宽,其主频段随载荷的变化而发生变化,在受载初期,电磁辐射的主频带较低,电磁辐射主频带有时呈现先增高后降低的趋势;在受载后期,电磁辐射的主频带较高,基本上表现为载荷越大,电磁辐射的主频段越高。煤岩材料在单轴压缩和剪切变形破裂过程中能够产生 ULF(特低频)频段的电磁信号;与 LF(低频)及 VLF(甚低频)电磁信号相比,ULF 信号与应力的相关性更好。

郭自强等建立了电四极子模型并计算了近区电磁场的频率特性,发现近区电磁场的频率与样品尺寸和初始裂纹长度有关,并利用典型实验样品尺寸和花岗岩初始裂纹数据计算出近区电磁场频率为 50 kHz~1 MHz[97]。龚强等以岩石破裂产生带电离子,带电离子扰动产生电磁辐射为前提,分析电磁辐射频率与裂纹破裂宽度的定量关系,发现实验测试主要集中在中高频段,并且频率与弹性参数的变化有很大关系[104]。

3)电磁辐射在煤岩动力灾害监测预警中的应用

电磁辐射技术是一种比较有效的监测煤岩动力灾害的地球物理方法。目前以煤岩电磁辐射理论为基础,王恩元等在煤岩电磁辐射技术、装置和实验应用等方面取得了突破性进展,发明了电磁辐射实时监测预警煤岩动力灾害的方法,建立了煤岩动力灾害预警准则,研制了电磁辐射便携式和在线式监测系统,在冲击地压监测、煤与瓦斯突出预警、顶板稳定性评价、围岩松动圈测试、矿压观测和评估方面得到应用[86]。

Frid 在现场研究了煤的物理力学状态(水分含量、孔隙结构等)、受力状态、瓦斯对工作面电磁辐射强度的影响,并利用电磁辐射脉冲数指标确定了工作面前方岩石突出的危险程度[105]。Хатиашвили 测定了矿井采煤过程中由爆破引起的矿山冲击及塌陷时的电磁辐射信号,并在实验室测定了不同岩石及复合煤岩破裂时的电磁辐射信号[106]。Lichtenberger 应用电磁辐射测量隧道沿纵轴的最大剪切应力[107]。Airuni 等研究认为煤在外力作用下有电磁辐射产生,利用电磁辐射可以确定煤体燃烧、瓦斯抽放及采掘工作面附近的应力再分配情况[108]。

在利用煤岩破裂产生电磁信号进行震源定位方面,王恩元等采用单电磁天线测试方法,覆盖范围为天线轴向两边各 30°[99]。肖红飞等借助力电耦合模型计算出在天线的各个朝向电磁辐射信号的变化规律,通过对监测点结果的比较,确定出某一个监测点的最佳监测方向以及应力变化最大(危险性最大)的方向[109]。王恩元等在煤矿现场利用两根相互垂直的天线同步进行电磁辐射测试,并对所得数据进行处理,实现了对冲击地压发生位置的定向和定位[110]。Li 等提出了一种利用电磁信号能量来确定局部震源方位的方法,并通过实验室定向接收实验和平煤十矿现场测试验证该方法的有效性[111]。

4)煤岩受热升温电磁辐射热效应研究

Srilakshmi 等研究了金属铝材料在温度升高过程中的电磁辐射信号变化特征,发现电磁辐射信号在温度升高到 150 ℃时发生明显变化,并且温度升高只影响频率在千赫兹频率范围内的电磁辐射信号[112]。

针对煤岩受热升温电磁辐射方面的研究,梁俊义等采用酒精灯加热煤岩试样,测试得到煤岩在升温过程中均会产生电磁辐射信号,煤岩电磁辐射信号与温度具有较好的相关性;温度使煤岩内部水分挥发分析出,导致局部膨胀,形成热应力,热应力的存在迫使煤岩内部破裂,从而产生电磁辐射信号[14,15,113]。

高芸通过实验测试了小尺寸煤样在加热破裂过程中的电位信号,分析了煤样升温过程中的电信号特征规律,进一步研究了堆煤受热升温过程中的电位信号的变化特征,分析了挥发分对小尺寸煤样电信号的影响[114]。

### 1.2.4 煤岩热损伤力学行为及变形破裂研究现状

**1) 煤岩热损伤力学行为**

温度是影响煤力学特性的重要因素之一,马占国等利用自制夹具研究了温度对煤的力学特性的影响,完成了煤在不同温度下的强度和弹性模量统计,结果表明,温度在25~50 ℃之间,煤的强度和弹性模量呈减小趋势,应变呈增加趋势;温度在50~100 ℃之间,煤的强度、弹性模量和应变呈减小趋势;温度在100~200 ℃之间,煤的强度、弹性模量和应变呈增加趋势;温度在200~300 ℃之间,煤的强度和弹性模量呈减小趋势,应变呈增加趋势[115]。周建勋等对三种不同煤级的煤样进行了高温高压变形实验,在 $T=350~700$ ℃、$p=400~600$ MPa 条件下得到煤的强度与温度呈负相关,与围压呈正相关;煤的塑性变形程度随着煤级的增高而降低并逐渐消失[116]。刘俊来等对不同煤级的煤岩样品开展了同步升温和升压高温高压实验变形(温度200 ℃,围压200 MPa)研究,结果表明,在不同的温度和压力条件下煤岩的强度有着显著的变化;对煤岩强度的影响,温度的效应要高于压力的效应[117]。

温度是影响煤岩体渗透率的另一个重要因素,随着温度的增大,煤岩体的渗透率不再具有单调性,而是存在一个转折点,转折温度点之前,渗透率随着温度的升高而降低;转折温度点之后,渗透率随着温度的升高而增加[118]。冯子军模拟500 m原岩应力状态下(轴压12.5 MPa,侧压15.0 MPa)大尺寸无烟煤试样(200 mm×400 mm)从室温升至600 ℃过程中变形和渗透率的演化规律,得到无烟煤试样的变形随温度的升高可以分为体积膨胀、缓慢压缩和剧烈压缩3个过程,通过曲线拟合发现,缓慢压缩阶段渗透率与体积应变具有明显的线性规律,剧烈压缩阶段二者为指数关系[119]。

随温度的升高,砂岩、泥岩、大理岩、花岗岩等不同岩性的岩石在单轴加载条件下,密度、波速、渗透率、孔隙度、变形及强度等物理力学性质发生显著变化[120-122]。高温后的岩石的峰值强度、弹性模量、变形模量随温度升高均逐渐降低,总体变化趋势相似,但个别试件的弹性参数出现异常点。

**2) 煤岩热损伤变形破裂特性**

高温作用下,煤岩石内部组成及结构将发生复杂的物理、化学变化,并产生热膨胀破裂,这种热膨胀破裂是不可逆的;不同矿物成分的岩石发生热开裂的阈值温度不完全相同[123]。孟巧荣等采用高精度显微CT实验研究得到煤在低温阶段产生大量裂纹,褐煤在100 ℃左右时大裂隙占主导地位,200 ℃左右时中等裂隙占主导地位,300 ℃之后微裂隙占主导地位,热破裂的阈值为300 ℃左右[124]。随着温度的升高,无烟煤的变形可分为3个阶段:20~200 ℃为热膨胀阶段,200~400 ℃为缓慢压缩阶段,400~600 ℃剧烈压缩阶段[125]。温度作用下,煤体裂隙演化规律数值模拟表明,当温度达到一定值时,煤体内部孔隙裂隙发育扩展较为明显,形成主裂纹[126]。左建平等研究发现温度低于150 ℃时,砂岩几乎不发生热开裂;温度从150 ℃升高到300 ℃过程中大量的热开裂发生[127]。美国 Westerly 花岗岩加热到约75 ℃(Chen 等认为是60~70 ℃)开始产生热破裂[128]。

声发射技术能够直观反映岩石内部裂隙演化过程。温度影响下砂岩具有明显的声发射现象[129],高温处理后,大理岩在加载初期就具有活跃的声发射信号[130],盐岩在整个加温过程中都有声发射事件产生[131],花岗岩在温-压作用下有强烈的声发射现象[132]。李纪汉等揭示了热破裂引起岩石波速下降的规律性[133]。蒋海昆等研究了地壳不同深度温-压条件下花岗岩变形破裂及声发射时序特征[134]。武晋文等研究了花岗岩在温-压作用下有强烈的声发射现象,声发射现象由多个声发射密集区和平静区间隔组成,具有周期性[135]。Chmel 等采用声发射技术研究三种花岗岩在 20～600 ℃的热破裂过程以及声发射时间序列的幅频响应,结果表明,存在 0.25 mm 到2.3 mm 范围内不同大小的裂纹群[136]。王作棠等首次采用微地震技术对重庆中梁山北矿煤炭地下气化火焰工作面进行实时探测实验,并取得较好效果[137]。

3) 煤岩热损伤耦合本构方程

煤岩热损伤耦合本构方程主要用 3 种基本元件(弹性元件、粘性元件及塑性元件)的串联、并联、串并联组合成为更复杂的网络来近似地建立岩石的本构关系[138]。Liu 等根据宏观损伤力学和非平衡统计方法,建立了岩石的整体损伤演化方程[139]。Raude 等考虑了热流变、屈服函数随温度的变化,建立了三轴压缩条件下岩石热塑性和粘塑性本构模型[140]。Laloui 等基于热效应对黏土材料的孔隙特性,提出一种新的包括热损伤在内的各向同性热弹性-力耦合模型[141]。刘泉声等以弹性模量为研究对象,提出了热损伤的概念,参照 Lemaitre 损伤模型,给出了一维 TM 耦合弹脆性热损伤本构方程,同时对岩石类材料进行了系统的非线性热力学分析,建立了非线性应力-应变-温度耦合方程[142-143]。高峰等以西原体模型为基础,引入热膨胀系数、粘性衰减系数和损伤变量,建立了岩石热-粘弹塑性本构模型[144]。

王海燕等建立了煤田露头自燃的渗流-热动力耦合模型,推导了煤自燃过程中挥发分计算式,并对新疆某煤田自燃火区进行了数值模拟[145]。肖旸建立了煤田火区煤岩体裂隙渗流的热-流-固耦合数学模型,并结合乌达煤田火区实际,采用有限元方法数值模拟和分析了煤田火区热-流-固的耦合过程[146]。

## 1.3　存在的问题及不足

(1) 煤自燃高温火源探测是一个世界性难题。煤田、采空区遗煤、破裂煤柱和储煤堆(矸石山)等自燃隐蔽火灾形成初期很难被发现,即使出现自燃的征兆或发生自燃,也很难找到火源地点。虽然煤自燃高温火源探测技术已取得一定进展,但由于煤自燃隐蔽火灾的形成、发展以及影响因素的复杂性,现有技术在探测区域及位置上易受时间和空间的限制,高效快捷非接触探测煤自燃隐蔽火灾危险以及定向定位煤自燃隐蔽火源存在重大需求。

(2) 煤自燃过程的电磁辐射信号特征缺乏系统研究。电磁辐射技术具有非接触、可定向定位的优点,目前煤岩受载破坏电磁辐射信号规律已得到大量研究,但是煤受热升温电磁辐射实验室测试还处在初步研究阶段,并且实验室测试未考虑煤自燃的特殊环境,测试系统和去除干扰方面均存在不足,有必要对煤受热及燃烧过程中的电磁辐射信号时-频特征进行系统分析和研究;煤自燃发生时,煤岩往往处于一定的受压状态,煤燃烧会烘烤上覆岩层,岩石热损伤力学行为发生变化,但煤岩在热-力耦合条件下的电磁辐射测试还没有相关的研究。

(3)煤自燃过程产生电磁辐射机制不清。煤岩在温度升高时会产生热变形和破裂,煤岩受热损伤过程裂隙是如何发展演化的,热致变形和热致破裂是如何产生电磁辐射的?煤燃烧火焰中含有带电离子,火焰带电离子与产生电磁辐射有怎样的关系?这些都需要分析和研究,且煤受热升温过程的热电耦合模型还未得到建立。

(4)电磁辐射技术探测煤自燃隐蔽火区未见测试及应用。目前煤自燃火灾电磁辐射探测方法还未有涉及,在进行煤自燃火灾电磁辐射现场测试时,测试距离的选取及电磁辐射信息接收等问题都涉及测试频谱的选择;煤田火区电磁辐射信号变化规律如何?应用电磁辐射进行现场探测时,如何利用电磁辐射定向定位高温异常区域都将是需要解决的问题。

## 1.4 研究内容

(1)煤升温及损伤破坏过程的电磁辐射效应及规律

建立煤受热升温及燃烧电磁辐射测试系统,测试并分析不同种类的煤受热升温及燃烧过程的电磁辐射信号。分析煤升温及燃烧过程的电磁辐射时序变化规律,以及不同频率的电磁辐射变化特性;对比分析煤升温过程的电磁辐射信号与指标气体的变化特性。运用R/S统计及多重分形理论对煤升温及燃烧过程的电磁辐射信号长程相关性、多重分析特征进行分析;运用傅里叶变换分析煤升温及燃烧过程的电磁辐射频域特征。

(2)煤岩受热损伤及受载破坏电磁辐射信号的特征及差异

建立煤岩复合损伤受载破坏电磁辐射测试系统,测试煤岩无约束条件、常温单轴压缩、高温处理后受载破坏和升温加载耦合4种条件下煤岩的力学参数及电磁辐射变化。分析上述4种条件下煤岩力学变形特征、损伤破裂演化过程及电磁辐射时序变化特征;应用电磁辐射测值、时序变化及频谱来表征煤岩受热损伤与受载破坏电磁辐射的特征及差异。

(3)煤自燃过程电磁辐射产生机制

结合煤升温和燃烧过程中的导热系数、介电常数、电阻率变化,研究煤自燃升温过程中的物性参数变化特征。采用扫描电镜和声发射技术精细化表征煤岩体热变形破裂演化过程,分析煤受热升温过程的电磁辐射与煤体热变形和热破裂的关系。分析煤燃烧过程中火焰带电离子的反应过程,以及煤自燃带电离子自由基的链式反应过程,揭示煤燃烧火焰产生电磁辐射的机制。基于以上分析,结合损伤力学、热力学等理论,建立煤受热升温热电耦合模型。

（4）提出煤田火灾电磁辐射探测方法并现场应用

分析煤升温及燃烧过程的电磁辐射信号及传播特性，选择电磁辐射探测煤田火灾的优势频谱，提出煤田火灾电磁辐射探测及判定方法。选取新疆乌鲁木齐大泉湖煤田火区进行现场测试，测试高温区域内和高温区域外电磁辐射信号，应用电磁辐射定向定位高温异常区域，实现煤田火灾电磁辐射现场探测。

## 1.5　研究方法及技术路线

本书拟采用实验室实验的方法，研究煤岩受热升温及燃烧过程的电磁辐射信号变化规律；结合损伤力学、热弹性力学、表面物理化学、火焰学等理论揭示煤升温及燃烧过程的电磁辐射产生机制，建立煤升温热-电耦合模型；进一步，采用实验室实验和现场测试相结合的方法，提出煤自燃隐蔽火源电磁辐射探测方法，并进行现场测试及验证。本书的技术路线图如图1-3所示。

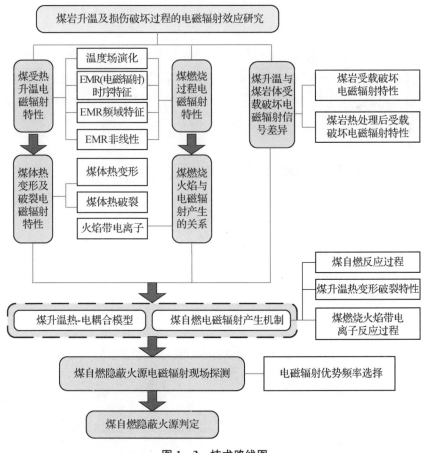

图1-3　技术路线图

# 2 煤升温及燃烧过程的电磁辐射实验测试研究

本章首先测试并分析了不同变质程度的煤在升温过程中的特征参数(特征点温度、指标气体),基于煤自燃氧化物性参数的分析,宏观掌握了测试煤样的自燃特性;其次,建立了煤受热升温及燃烧电磁辐射测试系统,并利用此测试系统测试分析了不同变质程度的煤在升温及燃烧过程中产生电磁辐射信号的规律。对上述测试结果进行分析,对比得到煤燃烧产生电磁辐射信号与煤在升温阶段电磁辐射变化有差异;电磁辐射信号的变化差异,也体现出煤在升温及燃烧阶段产生电磁辐射的机制不同。

煤发生燃烧时会先经历升温阶段,燃烧后,热量的传递使得周围煤体受热并升温,使得煤的受热及燃烧范围进一步扩大。进一步,为全面分析煤自燃电磁辐射变化规律,指导现场测试,本章精细化测试并分析了不同种类的煤在受热升温过程中不同频率电磁辐射信号、温度以及气体的变化,分析煤受热产生电磁辐射的变化规律。

## 2.1 煤氧化升温物性参数测试及结果分析

### 2.1.1 试样制备

实验所需煤样分别取自朔州白芦煤矿4♯煤层长焰煤(BL)、徐州三河尖煤矿7♯煤层气肥煤(SHJ)以及淮北童亭煤矿10♯煤层焦煤(TT)。试样较新鲜,完整性好,将井下大块煤样用保鲜膜包裹,运输至中国矿业大学,对取回的煤样进行工业分析和自燃倾向性鉴定,测试结果如表2-1所示。

表 2-1 工业分析及自燃倾向性测定

| 煤样 | 煤种 | 水分 $M_{ad}/\%$ | 挥发分 $V_{ad}/\%$ | 固定碳 $Fc_{ad}/\%$ | 灰分 $A_{ad}/\%$ | 自燃倾向性等级 |
|------|------|------|------|------|------|------|
| BL | 长焰煤 | 3.72 | 26.42 | 59.75 | 24.56 | Ⅱ |
| SHJ | 气肥煤 | 2.89 | 32.93 | 51.74 | 21.09 | Ⅱ |
| TT | 焦煤 | 4.1 | 22.6 | 67.39 | 24.52 | Ⅱ |

### 2.1.2 实验方案

1) 导热系数测试

使用 Hot Disk 热常数分析仪,在两个相同的试样中间放入自加热的探头并固定,试样大小为 $\phi50$ mm×25 mm,测试时间为 20 min,通过数据采集仪采集数据,根据瞬变平面热源法测试原理,计算得到试样的导热系数。

2) 煤自燃特征点温度测试

采用程序升温装置测试煤的交叉点温度,升温速度为 1.2 ℃/min。使用热重分析仪测试 3 种煤样在 0～600 ℃热解过程中煤的质量变化,煤样的初始质量为 10 mg,氧气体积分数为 21%,煤的升温速度为 5 ℃/min,在此实验条件下,分别测量煤的特征温度值。

3) 煤自燃指标气体测试

将煤样进行粉碎和分级筛取,取 0.180～0.380 mm 粒径的煤样,将煤样放入程序升温箱内的煤样罐中。空气流量为 50 mL/min,升温速度为 1.2 ℃/min。在 30～180 ℃之间每 10 ℃取一次气体,把取得的气体送入气相色谱仪,记录气体产物和温度值。

### 2.1.3 煤氧化升温物性参数测试结果

1) 煤的导热系数

根据瞬变平面热源法测试原理,测试了 BL、SHJ、TT 煤在常温常压下的导热系数,BL 试样测试结果如图 2-1(a)所示。测试得到三种煤样的导热系数在 0.279～0.325 W/(m·K)之间。

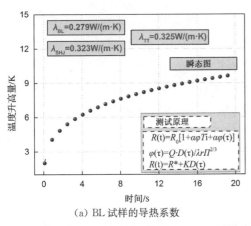

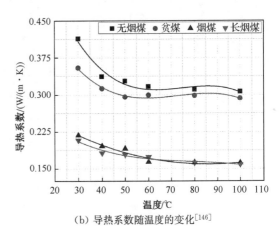

(a) BL 试样的导热系数　　　　(b) 导热系数随温度的变化[146]

**图 2-1　煤的导热系数及随温度的变化曲线**

不同温度条件下煤的导热系数随温度增加而减少,但是煤的种类不同,导热系数也不同,如图 2-1(b)所示。煤的导热系数和导温系数具有各向异性,这也对煤体受热时的膨胀变形和膨胀应力产生一定的影响,导热系数与煤的粒径、湿度等因素的关系很大。

2) 煤氧化升温特征温度分析

煤由缓慢氧化阶段进入快速氧化阶段的温度阶段一般是 70～90 ℃。煤的交叉点温度反映了煤体进入快速氧化阶段的临界温度,通常煤的交叉点温度范围在 130～160 ℃。使用煤氧化自燃程序升温装置测试煤的交叉点温度,当升温速度为 1.2 ℃/min 时,BL、SHJ、TT 煤的交叉点温度分别为 143 ℃、139 ℃、158 ℃,如图 2-2 所示。

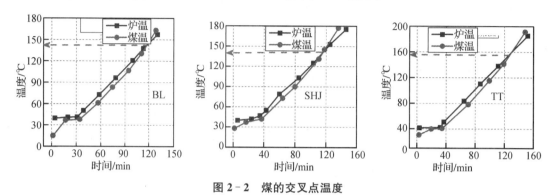

**图 2-2 煤的交叉点温度**

煤的种类不同、升温速度不同,煤的交叉点温度也不完全一致,但是交叉点的温度大小反映了煤氧化自燃的内在变化。

当升温速度为 5 ℃/min,3 种煤的 TG-DSC(热重-差示量热)变化曲线如图 2-3 所示。

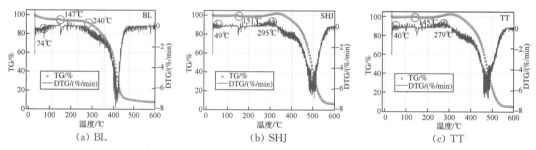

**图 2-3 煤自燃的 TG-DSC 变化曲线**

由 TG-DSC 曲线得到 3 种煤的初始失重速度较大的温度分别是 74 ℃、49 ℃、40 ℃,初始增重的温度点分别是 147 ℃、151 ℃、145 ℃。煤热解过程中的特征温度点与升温速度、氧气浓度、粒度等有一定的关系。通过分析煤热解过程中的特征温度点,为分析煤受热升温电磁辐射信号与温度的关系提供指导。

**3) 煤氧化自燃过程指标气体测试结果**

由于煤氧化升温能够产生 $CO$、$CO_2$、$C_2H_2$、$C_2H_4$ 和 $C_2H_6$ 等指标气体,并且指标气体出现的温度点也有差异,这使得不同测试条件下,煤自燃的指标气体出现温度和各指标气体含量的变化并不完全一致,总体来说,煤在 60～80 ℃时,CO 等呈现增大的变化趋势,在 100～120 ℃时,烷烯等出现显著变化。这里选取有代表性的气体产物作为分析对象,通过测试得到煤在程序升温过程中的指标气体变化,如图 2-4 所示。

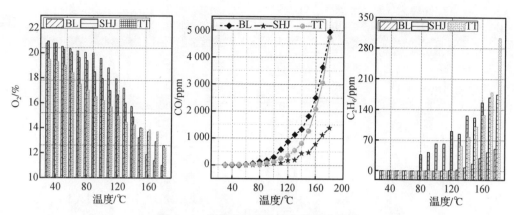

图 2－4 煤氧化升温产生气体变化曲线

由图 2－4 可得,3 种煤的耗氧量基本在 50～60 ℃开始增加,出口氧浓度下降,煤氧复合作用加快,耗氧量在 120～160 ℃达到最大。CO 在 80℃之后显著增加,在 140 ℃前后增加速度最大。$C_2H_6$ 在开始升温过程中变化不明显,$C_2H_6$ 开始出现的温度在 100 ℃左右,在 120～160 ℃增加速度显著加快。

## 2.2 煤受热升温电磁辐射测试及结果分析

根据上节分析,煤燃烧过程中能够产生明显的电磁辐射信号,分析发现煤燃烧过程中电磁辐射与煤初始受热升温时的电磁辐射信号变化有一定差异。煤升温过程中有电磁辐射产生,而煤燃烧过程中电磁辐射信号的变化具有一定阶段性,具体表现为前期信号逐渐增大,温度升高一定范围(接近煤燃烧临界点处)信号快速增大,随着温度的增加,EMR 信号测值维持一定高值并呈交替增大变化。

电磁辐射信号的差异与煤受热升温和燃烧过程中煤的热损伤过程有关,电磁辐射变化的差异性与煤体内部温度的变化和内部热损伤的积累程度有一定的关系。基于此,本节进一步建立了煤受热升温电磁辐射测试系统,测试不同种类的煤受热升温电磁辐射信号变化,分析煤受热升温电磁辐射信号的变化规律。

### 2.2.1 煤受热升温电磁辐射测试系统

本节首先建立了煤受热升温电磁辐射测试系统,该系统能够研究煤在不同尺度条件下受热升温过程中电磁辐射、温度、指标气体的变化规律。煤受热升温电磁辐射测试系统如图 2－5 所示。

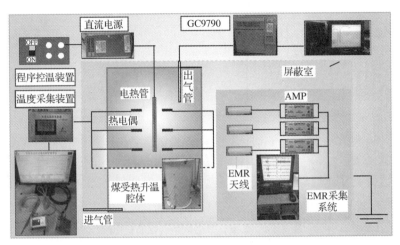

**图 2-5 煤受热升温电磁辐射测试系统装置图**

测试系统主要由煤受热升温腔体、升温装置、测温系统、电磁辐射测试系统和气体测试系统组成。

1）煤受热升温腔体

为了消除煤受热升温腔体对电磁辐射信号的传播影响，煤受热升温腔体是由耐高温的聚四氟乙烯加工而成，耐温大于 200 ℃，选用聚四氟乙烯材料，更有利于电磁辐射穿透。腔体的高度和直径分别为 50 cm、32 cm，用于松散煤体的受热升温，能够容纳煤体的最大质量是 30 kg。腔体中有 8 个直径为 6 mm 的钻孔，用来放置温度传感器和电热管，腔体中有直径为 3 cm 的进气口和出气口。实验过程中，用耐高温密封胶进行装置密封。

2）升温及测温装置

升温及测温装置如图 2-6 所示。

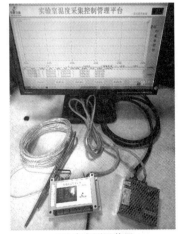

（a）直流加热装置 　　　　　　　　　　　（b）多点测温装置

**图 2-6 升温和测温装置图**

升温装置由程序控温模块、整流开关和直流加热管组成，其中程序控温模块能够进行温度的调节。由于交流电交变会产生电磁辐射干扰信号,为了有效去除交流电所产生的电磁干扰,采用 MW-SCN 型整流开关将交流电转变成直流电,整流开关最大功率为 960 W,输出电压为 48 V。加热管为特制的直流干式加热管,加热棒外径为 3 cm,额定功率为 800 W。根据多次测试,直流电热管的升温速度稳定,可保证不同实验过程中升温速度参数一致。

测温装置主要测试不同空间位置处温度的变化,分为热电偶测温装置和红外测温装置,温度测试装置采用热电偶和红外测温仪同步采集。

热电偶测温装置包括测温探头、数据采集装置、数据存储计算机。实验时,共布置 2 个测温探头。测温探头采用 STT 型铂电阻温度传感器,测温探头的长度和直径分别为 200 mm、3 mm;数据采集装置采用 HX-RS485 采集模块,能够同时采集 8 个通道内的信号变化。测温探头实时采集装置内的温度变化,将温度信息转换为电信号,经数据采集系统存储到计算机中。

3) 电磁辐射测试系统

电磁辐射测试系统可实现煤自燃升温过程中电磁辐射信号的测试及记录。系统主要包括电磁辐射天线、数据采集系统、屏蔽系统等。

(1) 电磁辐射天线

电磁辐射天线主要分为三种:磁棒天线、环形天线、环形宽频天线。实物图如图 2-7所示。

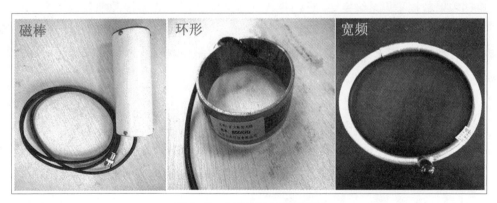

**图 2-7 电磁辐射天线实物图**

如图 2-7 所示,磁棒天线和环形天线都为点频天线,铜制环形天线为宽频带测试天线。天线参数如表 2-2 所示。

表 2 - 2　电磁辐射天线参数

| 序号 | 天线类型 | 谐振频率/kHz | 天线系数/dB | 灵敏度/(mV/nT) |
|------|----------|-------------|-------------|----------------|
| 1 | 磁棒 | 60 | 53 | 0.1～0.4 |
| 2 | 磁棒 | 300 | 48 | 0.1～0.4 |
| 3 | 磁棒 | 500 | 40 | 0.1～0.4 |
| 4 | 磁棒 | 1 000 | 37 | 0.1～0.4 |
| 5 | 环形 | 60 | 55 | 0.1～0.4 |
| 6 | 环形 | 300 | 45 | 0.1～0.4 |
| 7 | 环形 | 500 | 43 | 0.1～0.4 |
| 8 | 环形 | 1 000 | 38 | 0.1～0.4 |
| 9 | 宽频 | 频谱范围:0～500 kHz | | |

实验过程中,天线与测试装置的距离和天线的布置方式都可以根据实验条件进行调节。通过调整天线与煤的氧化升温装置的距离,能够实现不同距离条件下电磁辐射信号测试,调整天线与煤的氧化升温装置的方向(平行或垂直),能够实现不同空间位置的电磁辐射信号测试。

(2)数据采集系统

电磁辐射数据采集系统主要包括 CTA-1 型声电数据采集系统和前置放大器。CTA-1 型声电数据采集系统能够同时采集多个通道的电磁辐射信号,实时分析采集的信号时域和频域变化;该系统能够实现 A/D 模数转换、图形显示和数据存储等功能。前置放大器的放大倍数有三种,分别为 20 dB,40 dB 和 60 dB。

(3)屏蔽系统

由于煤体受热升温过程中产生的电磁辐射信号强度不均,电磁辐射的频谱和主频范围未知,因此煤的氧化升温电磁测试实验均在 GP6 高效屏蔽室内完成,实验过程中氧化升温装置和测试天线、前置放大器均放置在屏蔽室内,采集系统放置在屏蔽室外进行数据采集与分析。

4)气体测试系统

气体分析装置采用 GC9790 气相色谱仪,GC9790 气相色谱仪采用微机控制,实验过程中,GC9790 气相色谱仪的注气口与煤的受热升温腔体出气口连接,分析煤受热升温过程中气体组分的变化。

## 2.2.2　煤受热升温电磁辐射测试方案

(1)将现场取回的新鲜煤样放入煤受热升温腔体中,松散煤体的总质量为 25 kg。将电热管放入煤体内部,6 个感温传感器分别放置距离电热管水平 3 cm 位置处,每个传感器上下相距 10 cm。连接直流开关电源和温度测试装置。

（2）将电磁辐射天线布置在距离煤受热升温腔体 20 cm 处。连接天线和电磁辐射采集装置，天线和煤受热升温腔体全部在屏蔽室内使用。

（3）检查实验系统中装置的状态；启动电磁辐射采集系统，根据天线的频率，调整采样频率的大小以满足 2 倍的天线频率，最高设置采样频率为 5 MHz；前置放大器的放大倍数为 60 dB。为了消除环境噪声对测试带来的干扰，这里首先分析背景噪声大小，调整采集门槛值，门槛值的大小范围在 45～55 dB，采集 3 min，当没有背景噪声发生后，方可进行实验。为了保证后期分析不同频率的电磁信号强度，采集门槛值调整好之后不再进行更改。

（4）启动测温装置和电磁辐射采集装置，1 min 后，启动升温装置，分别测试 BL、SHJ 和 TT 煤受热升温过程中电磁辐射、多点温度和气体的变化。

（5）每隔 3 min 采集装置内的气体，装入气样袋中，并使用 GC9790 气相色谱仪测试分析不同温度条件下气体组分的变化。

（6）分析实验数据。

### 2.2.3 煤受热升温电磁辐射测试结果及分析

#### 1）煤受热升温电磁辐射波形变化

实验分别测试了 BL、SHJ、TT 煤在受热升温过程中的电磁辐射信号，测试到的波形信号蕴含了全部的电磁辐射信息。根据上节分析的煤氧化自燃特征温度点变化，选取不同温度阶段的电磁辐射波形进行分析，结果如图 2-8 所示。

由图 2-8 可知，煤在受热升温过程中均有电磁辐射信号的产生，电磁辐射信号是阵发性的脉冲信号，说明煤体在受热过程中，煤体内部电磁辐射能量释放并不连续，而是一个逐渐发展演化的过程。

随着温度的升高，煤体内部热损伤逐渐积累，当温度达到煤体变形破裂的阈值时，煤体发生热变形和破裂，伴随有电磁辐射信号产生。电磁辐射信号的脉冲变化表明煤体受热升温内部变形破裂也是一个逐渐发展演化的过程。

#### 2）煤受热升温电磁辐射信号时序变化

实验分别测试了 BL、SHJ、TT 煤在受热升温过程中的电磁辐射变化，煤受热升温过程中电磁辐射信号的时序变化特征如图 2-9 所示。需要说明的是，在进行煤的受热升温过程电磁辐射实验时，同步测试了不同位置处的温度值。由于煤的导热性较差，测点的布置对温度的测量影响比较大，这也给分析电磁辐射和温度的对应关系带来一定的影响，因此本节为便于分析煤受热升温及燃烧过程中电磁辐射和温度的相关性，选取的温度值为不同测试位置的平均值。

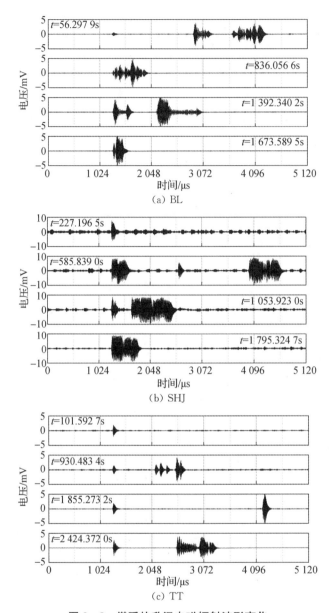

**图 2-8 煤受热升温电磁辐射波形变化**

由图 2-9 可知,3 种煤在受热升温条件下产生不同变化趋势的电磁辐射信号。煤在初始升温阶段,电磁辐射测值比较小,随着升温时间的增加,电磁辐射测值逐渐增大。煤受热升温时电磁辐射能量和脉冲数的变化趋势类似,均随时间的增加呈现出逐渐升高的变化趋势。

3 种煤升温产生的电磁辐射变化趋势有一定差异,不同升温时间,电磁辐射变化趋势不同,电磁辐射的强度值也相差较大。BL 煤电磁辐射信号随时间增加逐渐增大,且电磁辐射能量值比 TT 和 SHJ 煤信号能量值大;SHJ 煤电磁辐射强度在后期有个突然增大的信号,电磁辐射能量和计数的最大值分别为 166 aJ 和 912 aJ。TT 煤电磁辐射信号逐渐增大,但是

TT 煤在升温 500 s 之后信号变化没有 BL 和 SHJ 煤信号变化明显。

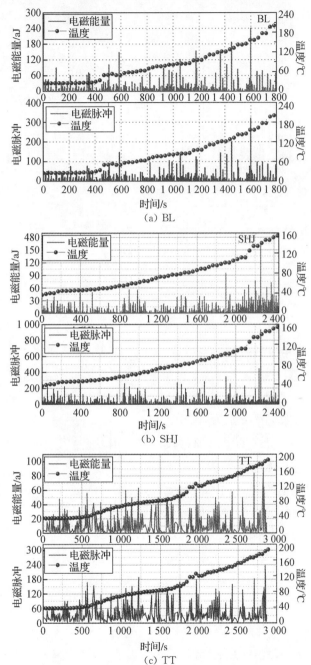

（a）BL

（b）SHJ

（c）TT

**图 2-9 煤受热升温电磁辐射信号时序变化**

3）不同频率电磁辐射时序变化

煤在受热升温过程能够测试到不同频率的电磁辐射信号，测试得到的电磁辐射是一个时间序列，随着时间的增加，温度不断增大，电磁辐射信号也不断变化，通过分析电磁辐射时间序列中的能量和脉冲的变化，详细展现煤氧化升温过程中电磁辐射信号的变化特性。不同频率的电磁辐射变化如图 2－10 所示。

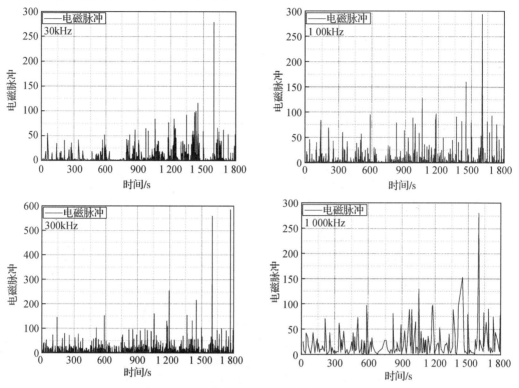

**图 2－10　不同频率电磁辐射脉冲变化（BL 煤）**

图 2－10 给出了接收频率分别为 30 kHz、100 kHz、300 kHz、1 000 kHz 的电磁辐射测值。由图可知频率不同，电磁辐射测值也不同，整体上电磁辐射测值均随升温时间增大而出现明显的增大变化趋势，但是不同频率电磁辐射脉冲数的变化趋势有一定差异，同一时间脉冲测值的大小也不同。BL 煤在升温过程中，不同频率电磁辐射测值变化如图 2－11 所示。

由图 2－11 可知，BL 煤在升温过程中，不同频率的电磁辐射测值具有明显差异。在

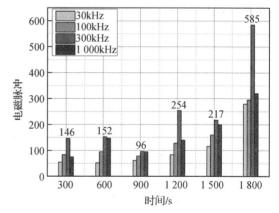

**图 2－11　不同频率电磁辐射测值变化图**

同一时刻，电磁辐射测值从大到小依次对应 300 kHz、1 MHz、100 kHz、30 kHz 的频率。不同频率电磁辐射的变化趋势对分析电磁辐射优势频率范围具有指导意义，通过测试频率的选择，可以选择最佳接收频率，进而进行煤自燃隐蔽火灾的电磁辐射现场测试。

## 2.3 煤燃烧电磁辐射测试及结果分析

### 2.3.1 煤岩电磁辐射实验研究

电磁辐射实验较早的测试来自 Stepanov 对 Kcl 样品的断裂实验,样品断裂时能够产生电磁辐射脉冲。在此之后,国内外学者在地震预警研究中均发现震前电磁辐射异常,地震电磁异常得到大量记录。地震电磁辐射的研究不仅包含在野外建立电磁观测台网进行实地记录,同时还包括在实验室内进行大量的岩石破裂电磁辐射的测试和分析,这也极大地推动了岩石电磁辐射的实验室测试分析。

通过实验室测试得到了不同种类的煤、岩和混凝土等砼材料在受到载荷或者发生变形时均能产生电磁信号,并且测试发现这些材料还能产生诸如可见光、光发射、表面电位变化等现象[86]。电磁辐射实验测试的参数主要有能量、脉冲数、幅值、功率谱等。电磁辐射采集装置的主要原理是:煤岩变形破裂产生的电磁信号通过前置放大器进行放大,经过信号的传输和信号的转换,最后形成电磁辐射信号参数。电磁辐射波形能够反映煤岩变形破裂过程的全部信息,是反演煤岩变形破裂过程的重要参数。实验测试过程中,采集仪器能够实时采集波形数据,并能够进一步进行处理和分析。

随着研究的深入,煤岩在不同受载条件下的电磁辐射信号特征、电磁辐射的宏微观机理及电磁辐射的现场应用都得到了广泛研究。基于以上分析,本节建立了煤燃烧电磁辐射测试系统,对煤燃烧过程电磁辐射进行了实验测试及信号分析。

### 2.3.2 煤燃烧电磁辐射测试系统

本节首先建立了煤燃烧电磁辐射测试系统,其示意图如图 2-12 所示。

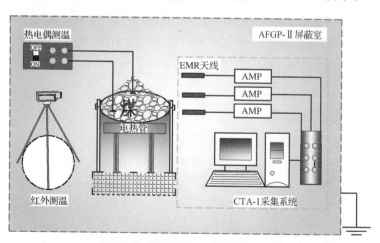

**图 2-12　煤燃烧电磁辐射测试系统图**

由图 2-12 可知,测试系统主要包括电磁辐射测试系统、升温及测温装置等。

红外测温装置采用 Optris PI450 高分辨率红外热像仪测试煤体表面温度,如图 2-13 所示。

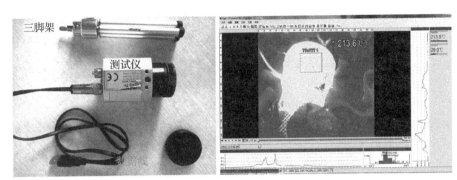

图 2-13 Optris PI450 高分辨率红外热像仪

Optris PI450 红外测温装置具有较高的分辨率,测温范围为 −20∼900 ℃,灵敏度比较高,误差范围在 0.04 ℃以内。温度采集时,可以设置采集频率,同时能够导出整个测试区域任意点处的温度,快速提取煤燃烧过程中不同位置、不同时刻的温度变化。

### 2.3.3 煤燃烧电磁辐射测试方案

(1)建立煤燃烧电磁辐射测试系统;按照测试系统设计连接测试天线、红外热像仪和数据采集线路,电磁辐射天线距离煤体中心轴线距离为 500 mm。

(2)检查仪器状态,进行初步调试,启动电磁辐射数据采集系统,设置 CTA-1 采集参数;电磁辐射天线采用环形磁棒天线,天线频率为 100 kHz、300 kHz;前置放大器放大倍数为 60 dB,采样频率范围为 200 kHz∼5 MHz。

(3)调试各通道的门槛值,采集门槛值大小为 45∼55 dB,为消除测试背景信号的影响,煤燃烧电磁辐射测试整个过程全部在屏蔽室内进行。

(4)测试系统调整完毕后,开始实验预采集,当 CTA-1 数据采集器显示无明显突变事件发生时,即可进行煤燃烧电磁辐射测试实验。实验过程中松散煤体的尺寸参数为:直径 400 mm,最大堆积高度为 150 mm。

(5)实验测试不同煤种(BL、SHJ、TT)在燃烧过程中的电磁信号,测试结束后,分析煤燃烧过程电磁辐射信号测试结果。

### 2.3.4 煤燃烧电磁辐射测试结果及分析

根据煤燃烧电磁辐射测试系统,分别测试了 BL、SHJ、TT 煤在燃烧过程中的电磁辐射信号,电磁辐射时序变化如图 2-14 所示。

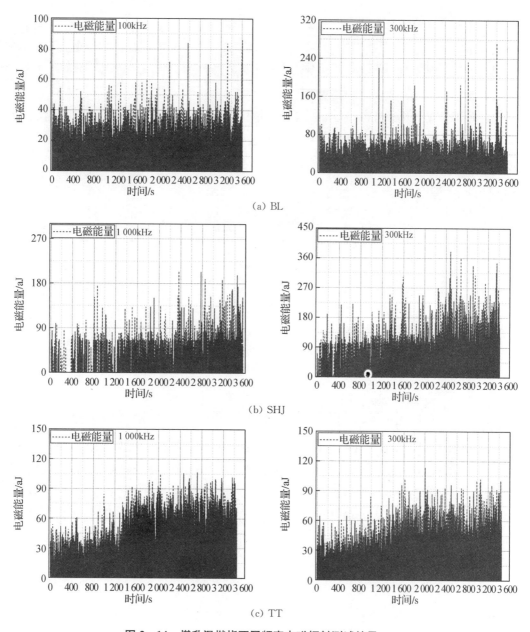

**图 2-14 煤升温燃烧不同频率电磁辐射测试结果**

由图 2-14 可知,煤升温至燃烧过程中,能够产生不同频率的电磁辐射信号。0~1 200 s,煤处在受热升温阶段,电磁辐射的信号逐渐增加,信号变化较缓慢。随着煤体温度逐渐增加,煤体内部损伤逐渐积累。1 200 s 之后,煤体产生一定的燃烧火焰,电磁辐射增加较快,并且信号变化比升温前期明显,电磁辐射测值较高并出现波动变化。

随着煤的持续受热升温,会有更多的煤升温至燃烧,测试得到的电磁辐射信号变化比初始升温阶段更加明显。通过对比分析 3 种煤的电磁辐射变化特性,发现 3 种煤在升温至燃烧时的电磁辐射变化趋势基本上呈现出:信号产生、信号缓慢增大、信号快速增大、信号维持一定数值并呈交替增大变化。

## 2.4 煤受热升温电磁辐射尺寸效应分析

在分析了煤燃烧过程以及受热升温过程的电磁辐射信号变化规律后,本节测试并分析了不同尺寸大小的煤在受热升温过程中的电磁辐射信号。

本节分别测试了2种尺寸的电磁辐射信号变化,尺寸大小和电磁辐射测试结果如图2-15所示。

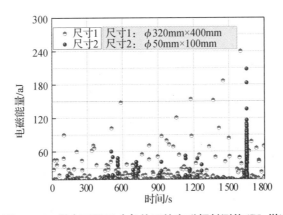

**图2-15 煤在不同尺寸条件下的电磁辐射测值(BL煤)**

由图2-15可知,尺寸1的电磁辐射信号是通过BL煤受热升温测试得到的,尺寸大小为$\phi320$ mm$\times400$ mm;尺寸2的电磁辐射信号是通过标准煤样受热升温测试得到的,尺寸大小为$\phi50$ mm$\times100$ mm。两种尺寸下,电磁辐射信号均随着温度的升高而增大,但是电磁辐射信号变化规律有一定差异,表现为尺寸大的煤受热升温电磁辐射测值高于尺寸小的煤受热升温电磁辐射测值,并且尺寸大的电磁辐射信号在整个升温过程中信号均比尺寸小的电磁辐射信号丰富。

造成上述结果的原因是,尺寸小的煤受热升温的接触面积小于尺寸大的煤,且煤在受热过程中产生的电磁辐射强度和频次也不同,尺寸大的煤在受热升温时,内部积累的热量多,温度升高也快,因此电磁辐射信号测值较尺寸小的煤高。

## 2.5 不同测试距离电磁辐射信号变化分析

本书根据煤燃烧电磁辐射测试系统,测试了煤升温至燃烧时不同距离(10 cm、20 cm 和30 cm)条件下的电磁辐射信号变化。对电磁辐射测值与测试距离进行分析,得到电磁能量和脉冲随距离的变化如图2-16所示。

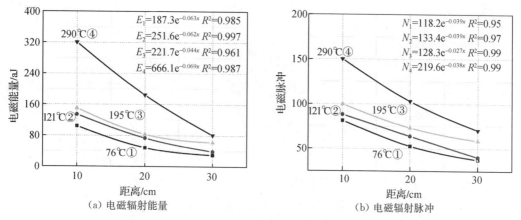

图 2－16 煤升温燃烧电磁辐射测值随测试距离的变化

由图 2－16 可知，煤在升温燃烧过程中，电磁辐射的测试距离不同，信号强度也不同。不同温度阶段，电磁辐射信号的强度均随距离的增加而呈减小的变化趋势。通过拟合得到电磁辐射随测试距离的增大呈负指数型衰减。煤升温燃烧电磁辐射信号随测试距离的变化特性进一步验证了电磁辐射信号来源于煤的升温燃烧过程。

## 2.6 煤升温及降温过程中电磁辐射信号变化

根据煤受热升温电磁辐射测试系统，测试了煤在升温及降温过程中的电磁辐射信号变化，电磁辐射测试结果如图 2－17 所示。

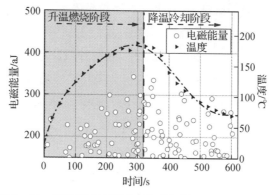

图 2－17 煤升温及降温过程电磁辐射信号变化（BL 煤）

由图 2－17 可知，煤在升温及降温过程中，电磁辐射信号与温度具有较好的对应性，并随着温度的变化而发生变化。煤受热升温时，温度快速升高，电磁辐射信号快速增加；煤的温度继续升高，电磁辐射信号继续增大。升温阶段过后，关闭热源，煤体温度降低，电磁辐射信号由于煤体的热作用会出现短暂增大的趋势，随后电磁辐射信号强度值降低。

## 2.7 本章小结

(1) 本章对不同变质程度煤的导热系数、特征点温度和指标气体进行测试,宏观分析了所选煤样的自燃特性。建立了煤燃烧电磁辐射测试系统,煤在燃烧过程中,电磁辐射信号发生显著变化,且电磁辐射信号的测值较高并呈逐渐增大的趋势。煤燃烧时,不同频率的电磁辐射信号变化趋势基本一致,电磁辐射能量和脉冲数均随时间的增加呈逐渐增大趋势。

(2) 进一步,为全面分析煤自燃电磁辐射的变化规律,精细化测试分析了煤受热升温电磁辐射信号的变化规律。首先建立了煤受热升温电磁辐射测试系统,实验测试了不同种类的煤在升温过程中电磁辐射信号时序变化。煤在升温过程中,能够产生显著的电磁辐射信号,电磁辐射是非连续的阵发性信号,这表明煤体受热升温时其内部变形破裂是一个逐渐发展演化的过程。

(3) 煤在升温过程中,频率分别为 30 kHz、100 kHz、300 kHz 和 1 000 kHz 的天线均检测出电磁辐射信号,涵盖了低频和高频范围内的信号。4 种频率电磁辐射脉冲数的变化趋势基本一致,均随温度的增加而增大。不同频率的电磁辐射测值也不同,同一时间,电磁辐射测值从高到低分别对应 300 kHz、1 000 kHz、100 kHz、30 kHz 的频率。

(4) 对比分析了煤燃烧时的电磁辐射测值及变化趋势与煤在受热升温阶段的电磁辐射信号变化,煤在升温和燃烧这两个阶段的电磁辐射变化有一定差异。煤在升温阶段的电磁辐射信号基本呈逐渐增大趋势,而煤在燃烧过程中,电磁辐射信号的变化呈现阶段性特征,即煤达到燃烧时的电磁辐射测值较大,并呈缓慢增长趋势。

(5) 测试分析了不同尺寸的煤升温及燃烧过程的电磁辐射信号变化,尺寸大的煤升温产生的电磁辐射测值均高于尺寸小的煤。测试了煤在升温及降温过程中的电磁辐射信号变化,电磁辐射信号随温度的改变也发生明显变化。煤升温燃烧电磁辐射信号随测试距离的变化特性进一步验证了电磁辐射信号来源于煤的升温燃烧过程。

# 3 煤升温及燃烧过程的电磁辐射时序多变-频域特性

本章根据上章测试的煤受热升温及燃烧过程中电磁辐射时序信号,系统分析了煤在升温和燃烧过程中电磁辐射信号的时-频变化特征,定量分析了煤在升温和燃烧过程中温度与电磁辐射信号的相关性。运用非线性理论,分析了煤升温及燃烧过程中电磁辐射时间序列的多变特性。运用快速傅里叶变换,分析了电磁辐射频域变化特征,通过电磁辐射主频和幅值的时序变化,分析了煤在受热升温时内部损伤破坏状态。

## 3.1 煤自燃过程的温升特性

### 3.1.1 煤低温氧化过程热量分析

煤在氧化升温时,松散煤体与氧气发生物理化学反应放出热量[147]:

$$Q = Q_物 + Q_化 + Q'_化 \qquad (3-1)$$

其中,$Q_物$、$Q_化$、$Q'_化$分别表示煤的物理吸附热、化学吸附热、化学反应热,单位为 kJ。根据煤在低温氧化过程中煤的吸氧放热的研究,松散煤体的放出热量可变换为[148]:

$$Q = Q_{wx} + Q_{hx} + Q_{hf} \qquad (3-2)$$

其中,$Q_{wx}$、$Q_{hx}$、$Q_{hf}$分别代表煤氧化物理吸附热、化学吸附热、化学反应热,单位为 kJ。通过进一步研究得到煤体放出的热量为:

$$Q = 3.41q_{wx} + 350q_{hx} + 221q_{hf}t \qquad (3-3)$$

其中,$q_{wx}$、$q_{hx}$、$q_{hf}$分别代表单位质量煤的物理吸氧量、化学吸氧量、化学反应耗氧量,单位为 mol/g。

根据煤氧复合反应理论,煤与氧气反应生成物中除了 $CO_2$,还包括 CO,因此式(3-3)进一步可化为:

$$Q = 3.41q_{wx} \cdot m + 350q_{hx} \cdot m + 221aq_{hf}t + 409bq_{hf}t \qquad (3-4)$$

其中,$a$ 和 $b$ 分别代表煤和氧反应过程中产生 $CO_2$ 和 CO 的比例系数,单位为%。

### 3.1.2 煤氧化自燃热传导方程

煤自燃氧化升温过程中,煤体内部温度的变化可根据传热学中的瞬态热传导过程来表

征,一维状态下煤体升温热传导演化过程表达式为[149-150]:

$$\frac{\partial T}{\partial t} = \frac{\lambda}{\rho c}\left(\frac{\partial^2 T}{\partial l^2} + \frac{1}{l}\frac{\partial T}{\partial t}\right)(0 < l < r) \qquad (3-5)$$

其中,$\rho$ 为装置内煤体的密度,单位为 kg/m³;$c$ 为煤体的比热容,单位为 J/(kg·K);$\lambda$ 为煤的导热系数,单位为 W/(m·K);$T$ 为煤体的温度,单位为 K;$l$ 为煤体与中心轴线的距离,单位为 m。

初始条件为:$T = T_0$

边界条件为:

$$\frac{\partial T}{\partial l} = \frac{\alpha}{\lambda}(T - T_0) = 0 \ (l = R, \ t > 0, \ T = T_1) \qquad (3-6)$$

其中,$T_0$ 为煤体的初始温度,单位为 K;$T_1$ 为环境温度,单位为 K;$\alpha$ 为煤的传热系数。

## 3.2 煤升温电磁辐射时-频变化特征

结合第 2 章中得到的煤在受热升温过程中温度和指标气体的测试结果,分析电磁辐射时间序列与温度的耦合相关性。

### 3.2.1 煤升温电磁辐射与温度的相关性

采用皮尔逊相关系数($R$)来表征温度和电磁辐射的线性相关性,$R$ 的范围在 $-1$ 和 1 之间,计算得到的 $R$ 值越大,表明温度和电磁辐射的相关性越强。$R$ 的计算式为:

$$R = \frac{\mathrm{Cov}(x, y)}{\sigma_x \sigma_y} = \frac{\sum\limits_{i=1}^{n}(x_i - \overline{x})(y_i - \overline{y})}{\sqrt{\sum\limits_{i=1}^{n}(x_i - \overline{x})^2 \sum\limits_{i=1}^{n}(y_i - \overline{y})^2}} \qquad (3-7)$$

其中,$x_i$、$y_i$ 表示时间序列的随机变量;$x$、$y$ 表示实际测值;$\overline{x}$、$\overline{y}$ 表示测试均值;$n$ 表示时间序列的个数。

1) 煤升温电磁辐射与温度的相关性

煤升温电磁辐射测试结果表明,随着温度的升高,电磁辐射的信号逐渐增大。上章已分析得出电磁辐射是在能量不断积聚和释放的过程中产生的,电磁辐射信号时间序列包含大量大信号和小信号,为分析电磁辐射与温度的线性相关性,每隔 200 s 选取阶段电磁辐射时间序列的最大值进行分析,BL 煤升温的电磁辐射测值与对应温度的变化特征如图 3-1 所示。

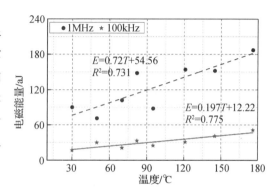

图 3-1 BL 煤升温电磁辐射测值与温度的变化曲线

图 3-1 中,电磁辐射测值取不同温度区间的最大值,温度的测试区间为 0~180 ℃。由图 3-1 可知,电磁辐射随温度的升高逐渐增大,温度越高,电磁辐射测值越大。拟合得到电磁辐射与温度的关系,电磁辐射与温度呈正相关,相关系数均在 0.73 以上,电磁辐射与温度具有较高的相关性。100 kHz 电磁信号的相关系数高于 1 MHz 电磁辐射信号的相关系数,这说明频率较低的电磁辐射信号(100 kHz)与温度的相关性高于频率较高的电磁辐射信号(100 kHz)与温度的相关性;频率低的电磁信号与温度的相关性强,这对于应用不同频率对现场进行监测提供了一定指导。

对 BL、SHJ、TT 煤的温度和电磁辐射线性相关性进行线性拟合,3 种煤在升温过程中电磁辐射和温度的相关性如表 3-1 所示。

表 3-1 煤升温电磁辐射与温度的线性关系式

| 序号 | 煤种 | 电磁辐射与温度的线性关系式 | | | |
|---|---|---|---|---|---|
| | | 能量/aJ | $R$ | 脉冲数 | $R$ |
| 1 | BL | $E=0.90T+31.43$ | 0.73 | $N=0.72T+54.56$ | 0.68 |
| 2 | SHJ | $E=0.93T-7.8$ | 0.56 | $N=1.68T+152.3$ | 0.87 |
| 3 | TT | $E=0.42T+14.4$ | 0.72 | $N=1.23T+20.86$ | 0.82 |

由表 3-1 可知,煤在受热升温时的电磁辐射与温度均呈正相关,电磁辐射能量与温度的相关性系数在 0.56~0.73 之间,电磁辐射脉冲数与温度的相关性系数在 0.68~0.87 之间,脉冲数与温度的相关性比能量与温度的相关性大。

3 种煤在升温时的电磁辐射与温度的相关系数大小存在差异,其中,SHJ 煤的电磁辐射能量和脉冲数与温度的相关系数相差最大,BL 煤的电磁辐射能量和脉冲数与温度的相关系数相差最小,TT 煤的电磁辐射能量和脉冲数与温度的相关系数大小介于 BL 和 SHJ 煤之间。

煤的变质程度不同,其热物性变化特征也有所差异,煤在受热升温过程中产生的电磁辐射信号也存在差异,这是造成不同变质程度的煤升温时电磁辐射与温度相关性差异的原因之一。

2) BL 煤升温电磁辐射与指标气体(CO)的相关性分析

由于 CO 的测值和电磁辐射测值的单位不一致,为分析煤在升温过程中,电磁辐射测值与 CO 的变化规律,本书采用归一化处理,即用实时测试值除以测试得到的最大值。电磁辐射与 CO 的时序变化曲线如图 3-2 所示。

由图 3-2 可得,随着温度的升高,煤受热产生的电磁辐射信号和 CO 气体均呈逐渐增大的趋势。当温度为 40~

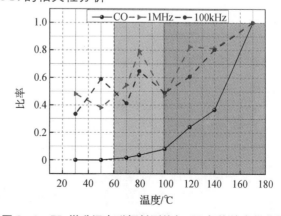

图 3-2 BL 煤升温电磁辐射测值与 CO 气体的变化曲线

60 ℃时,CO 逐渐产生,并且产生明显的电磁辐射信号,电磁辐射信号变化较 CO 显著;当温度为 60～80 ℃时,电磁辐射信号呈波动变大的趋势,CO 在 80 ℃的变化比较显著。随着温度的增加,电磁辐射也逐渐增加,100 ℃后电磁辐射和 CO 均呈快速增大的趋势。

不同温度阶段,100 kHz 和 1 MHz 的电磁辐射测值和 CO 测值的变化虽不能严格对应,但温度在升高过程中,整体上电磁辐射与 CO 的变化具有一致的升高趋势,这进一步说明使用电磁辐射进行煤自燃火灾探测的可行性。

3) 煤升温电磁辐射信号的 R/S 统计分析

前面已分析得到煤升温电磁辐射测值与温度的线性相关性,实际上煤受热升温电磁辐射信号是一个时间序列,皮尔逊相关系数针对的是具有线性变化的时间序列,而对于电磁辐射时间序列的整体非线性分析,皮尔逊系数则不能完全表征电磁辐射的长程相关性。因此,下面使用 R/S 方法对煤升温过程中电磁辐射信号的时间序列进行统计计算,分析煤升温过程电磁辐射时间序列的变化特征,更加全面地揭示煤受热升温电磁辐射信号的发展规律。

R/S 分析方法的基本思想是[151-152]:改变所研究对象(即电磁辐射时间序列)的时间尺度大小,当研究煤在升温过程的电磁辐射时间序列的统计特性和变化规律时,将小时间尺度范围的规律用于大时间尺度范围,或者将大时间尺度范围用于小时间尺度。R/S 分析方法的具体计算方式为:

定义煤受热升温电磁辐射信号的一个时间序列为:$\{x(t),t=1,2,\cdots,N\}$,每个时间点对应电磁辐射测值的均值为:$\langle X \rangle_k = \frac{1}{k} \sum_{t=1}^{k} x(t)$;因此,电磁辐射时间序列的累积离差为:

$$X(n,k) = \sum_{i=1}^{n} (x(i) - \langle X \rangle_k), 1 \leqslant n \leqslant k$$

进一步,电磁辐射时间序列的极差和标准差分别为:$R(k) = \max_{1 \leqslant n \leqslant k} X(n,k) - \min_{1 \leqslant n \leqslant k} X(n,k)$ 和 $S(k) = \sqrt{\frac{1}{k} \sum_{i=1}^{k} \left[ x(t) - \langle X \rangle_k \right]^2}$。

基于以上分析,赫斯特(Hurst)在研究 $R(k)/S(k)$ 的变化特性时得到[151]:

$$\frac{R(k)}{S(k)} \sim (k)^H \tag{3-8}$$

上式中的参数 $H$ 则定义为 Hurst 指数。

煤在升温过程中,电磁辐射时间序列 $\{x(t),t=1,2,\cdots,N\}$ 中的测值是相互独立的,则有:

$$\frac{R(k)}{S(k)} \sim (k)^{\frac{1}{2}} \tag{3-9}$$

即 $H=1/2$。赫斯特统计计算结果表明,当 $H$ 值的大小区间为 $[0.5,1]$ 时,表示煤在升温过程中的电磁辐射时间序列具有正相关性,且电磁辐射时间序列呈增加的变化趋势。反之,当 $H$ 值的大小区间在 $[0,0.5]$ 时,表示电磁辐射时间序列在各个时间尺度上均呈负相关。根据上述特性,可以研究煤受热升温电磁辐射时间序列的系统属性及其内在趋势特征。

对时间序列来说,其分形维数 $D$ 与 $H$ 之间满足 $D_f = 2 - H$ 的关系[151]。根据 $D$ 值的大小可以衡量电磁辐射时间序列的不规则或复杂程度。$H$ 确定了时间序列的变化趋势,$D$ 值则描述了煤在升温过程的电磁辐射时间序列变化的不规则性和复杂性,$D$ 值越大,表明煤升温产生的电磁辐射信号之间的不规则程度越高,反之则电磁辐射时间序列变化越简单、越有规律。

根据上述计算原理,使用 MATLAB 编写的 R/S 计算程序对煤升温过程的电磁辐射进行统计计算,不同种类的煤在升温过程的电磁辐射的 R/S 分析结果如图 3-3 所示。

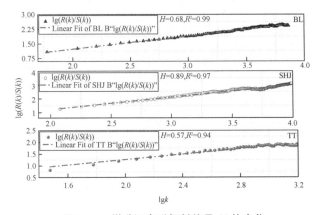

**图 3-3  煤升温电磁辐射信号 $H$ 值变化**

由上图可得,不同变质程度的煤在受热升温过程中产生的电磁辐射信号均符合赫斯特统计规律,$H$ 均大于 0.5,相关系数 $R$ 均在 0.9 以上。R/S 统计结果表明,煤受热升温过程中,电磁辐射信号与时间呈正相关,随着时间的增加,电磁辐射信号逐渐增大。电磁辐射信号随温度的升高而增大,电磁辐射信号与温度变化呈正相关,上述结果与图 3-1 中电磁辐射时序特征变化一致,电磁辐射信号能够反映煤体受热升温时间进程。

煤受热升温过程中电磁辐射信号分形维数 $D$ 与 $H$ 的变化规律是相反的,分形维数 $D$ 均在 $1.0 \sim 1.5$ 之间。SHJ 煤的电磁辐射 $D$ 值最小,表明 SHJ 煤的电磁辐射时序变化比 BL、TT 煤均匀;TT 煤电磁辐射时间序列变化离散型最高,电磁辐射信号的离散性大小对应于煤在升温过程中变形及破裂的复杂程度。分析煤受热升温电磁辐射信号的统计分形规律,为煤在升温过程中温度阶段的预测预报提供了新的方法和手段。

### 3.2.2  煤升温过程电磁辐射频域特征

煤升温的发展过程,在电磁辐射时序变化中得到一定体现。同时,不同频率的电磁辐射波形对应着煤受热升温不同类型的电磁辐射源,这也是煤受热升温热变形和破裂的重要表征形式。

频域特征分析是以煤受热升温电磁辐射信号的时域波形为对象,采用信号处理的方法,进而获得电磁辐射信号源信息。傅里叶变换能够将煤氧化升温电磁辐射时域信号变为频域信号,对煤升温时的电磁辐射信号的计算函数 $f(t)$ 进行傅里叶积分:

$$F(\omega) = \int_{-\infty}^{+\infty} f(t) e^{-i\omega t} dt \qquad (3-10)$$

式(3-10)即为煤升温过程电磁辐射时间序列函数 $f(t)$ 的傅里叶正变换,煤在升温过程电磁辐射时间序列函数 $f(t)$ 的逆变换为:

$$f(t) = \frac{1}{2\pi} \int_{-\infty}^{+\infty} F(\omega) e^{-i\omega t} d\omega \qquad (3-11)$$

将式(3-10)进行离散化处理,得煤在升温过程的电磁辐射时间序列函数为:

$$F(k\Delta\omega) = \Delta t \sum_{n} f(n\Delta t) e^{-ik\Delta\omega \cdot n\Delta t} \qquad (3-12)$$

其中,$n$ 表示电磁辐射时序序号;$k$ 表示频率序号值;$\Delta t$ 表示时序间隔;$\Delta\omega$ 表示电磁辐射频域内的样本间距。

煤在升温过程中,电磁辐射时间序列具有离散变化特性,一般在进行离散型傅里叶变换时,由于电磁辐射时间序列的数据点较多,计算时间和计算量都比较繁复。受到上述原因的限制,根据离散型傅里叶的计算原理,本节采用了简化的计算方法,即快速傅里叶变换(FFT)。

在进行电磁辐射时间序列的快速傅里叶变换时,频谱幅值 $F(k)$ 可表示成由实部和虚部构成的复数,即:

$$F(k) = \mathrm{Re}(k) + i\mathrm{Im}(k) \qquad (3-13)$$

其中,$\mathrm{Re}(k)$ 是 $F(k)$ 的实部部分,$\mathrm{Im}(k)$ 是 $F(k)$ 的虚部部分。变换后的幅值强度和相位大小分别为[153]:

$$A(k) = |F(k)| = \sqrt{\mathrm{Re}^2(k) + \mathrm{Im}^2(k)}$$
$$\theta(k) = \arctan\left(\frac{\mathrm{Im}(k)}{\mathrm{Re}(k)}\right) \qquad (3-14)$$

煤在升温过程的电磁辐射时间间隔一般情况下 $\Delta t \neq 1$,因此在计算时实际频谱的大小一般为:

$$F(k\Delta f) = \Delta t A(k) e^{-i\theta(k)} = \Delta t [\mathrm{Re}(k) + i\mathrm{Im}(k)] \qquad (3-15)$$

根据以上分析,在电磁辐射时间序列的采样速率为 $f_s$ 的情况下

$$\Delta t = \frac{1}{f_s}$$
$$\Delta f = \frac{\Delta\omega}{2\pi} = \frac{1}{N\Delta t} = \frac{f_s}{N} \qquad (3-16)$$

本次实验数据的采集频率全部高于信号频率的 2 倍,完全符合 Nyquist 采样定理。电磁辐射测试波形数量比较多,本节分析了不同煤种和不同接收频率的电磁辐射信号的全部波形,统计分析得到煤升温电磁辐射频谱的规律,具有代表性的波形及分析如下。

1) 煤升温电磁辐射信号频谱变化特征

BL、SHJ、TT 煤在升温过程中,电磁辐射时间序列的代表性频谱变化曲线如图 3-4 所示。

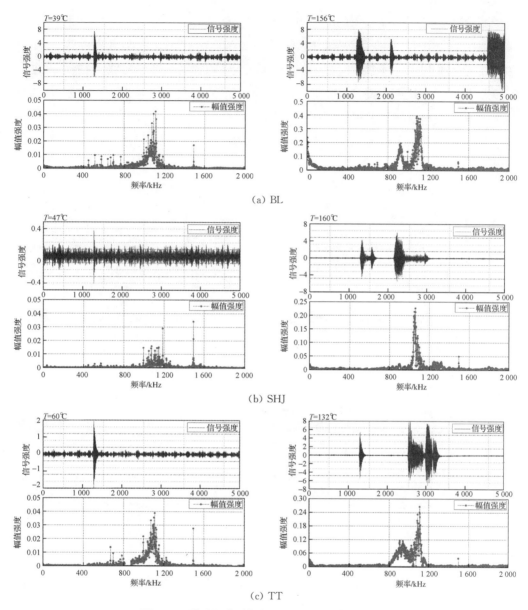

**图3-4 煤升温电磁辐射信号频谱变化特征**

由图3-4可得,煤在升温过程中,电磁辐射信号的频谱不是恒定的,其随着煤体温度的升高而发生变化。初始受热阶段,温度为39 ℃时,BL煤的主频基本在1 MHz附近,主频在500 kHz到1 MHz之间响应明显;持续升温过程中,温度为156 ℃时,BL煤的主频在1 MHz处幅值最大。从图3-4中可以看出,BL煤在870 kHz和30 kHz左右的低频范围内出现了次主频,并且幅值也较高。造成主频变化的原因是煤体温度升高时,产生不同尺度的热变形破裂,不同尺度变形破裂的交互演化过程导致电磁辐射主频的差异。

SHJ煤在升温过程中,主频也随着温度的升高出现波动变化。温度在47 ℃时,电磁辐射主频在1.5 MHz处幅值最大,电磁辐射频谱在1～1.2 MHz频带范围内出现较大的响应。随着温度的升高,SHJ 煤的电磁辐射主频响应更加显著,温度在 169 ℃时电磁辐射主频带范围在 1～1.2 MHz 变化明显,并且频率在 1.05 MHz 时,主频幅值达到最大值。TT 煤的主频变化规律同 BL 煤类似,煤在升温过程中,电磁辐射主频带较宽,电磁辐射主频带在 1～1.2 MHz 范围内响应显著,并且在低频段出现了一个明显的电磁辐射幅值增大现象。

2) 煤升温电磁辐射主频对比分析

分析 4 组实验的 BL 煤在升温过程中的电磁辐射主频特性,电磁辐射主频变化如图 3-5 所示。

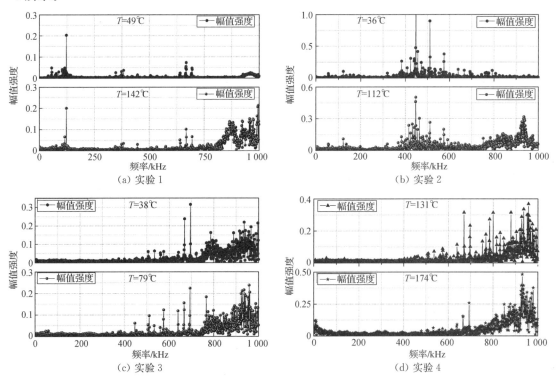

**图 3-5 BL 煤升温电磁辐射频谱**

由图 3-5 可得,煤在升温时,实验 1 的电磁辐射主频是逐渐变化的,初始受热时,电磁辐射主频在 100 kHz 左右,次主频则在 600～700 kHz 附近变化;当温度为 142 ℃时,电磁辐射主频在 100 kHz 左右幅值比较明显,并且电磁辐射频带在 900 kHz 附近出现显著频带变化。实验 2 的电磁辐射主频在 350～500 kHz 范围内变化最显著;温度升高到 112 ℃时,电磁辐射主频带在 400～600 kHz 范围内变化,该频带内的幅值变化最明显。除此之外,电磁辐射次主频带在 800～1 000 kHz 附近出现了较显著的频带波动变化。实验 3 的主频带的变化最为显著,升温初期,电磁辐射主频在 700 kHz 左右幅值最大,电磁辐射主频变化所涵盖的频带范围最宽;温度升高到 79 ℃时,电磁辐射在 700 kHz 和 900～1 000 kHz 区间内都有明显的高幅值。实验 4 的电磁辐射主频带也较宽,并且主频发生明显变化;当温度为 174 ℃时,电磁辐射主频发生明显变化,主频带在 800～1 000 kHz 范围内,幅值变化最明显,在700 kHz附近出现一个高幅值变化,在低频20 kHz左右出现了幅值波动变化。

煤在受热升温过程中,电磁辐射频谱中低频信号的幅值出现了明显变化,幅值的变化也表明了煤受热升温电磁辐射信号对温度有不同的响应信息。温度作用下,煤体内部受热升温并产生热变形和破裂,由于热变形和破裂的发展过程不同,其产生的电磁辐射信号的频率也不同,因此电磁辐射主频带范围也不同。

统计分析3种煤在受热升温过程中,电磁辐射主频的变化特性如表3-2所示。

表3-2 电磁辐射主频及频带分布

| 煤种 | BL | | | | SHJ | TT |
|---|---|---|---|---|---|---|
| 主频 | 100~150 kHz | 350~550 kHz | 650~700 kHz | 600~1 000 kHz | 1~1.2 MHz | 800 kHz~1.2 MHz |
| 次主频 | 800 kHz~1 MHz | 800 kHz~1 MHz | 800 kHz~1 MHz | 700 kHz~1 MHz | 1~5 MHz | 800 kHz~1.2 MHz |
| 变化特性 | 范围增加、波动变化、低频幅值显现 | | | | | |

通过对比分析可以得到:煤受热升温过程中,实验室测试得到电磁辐射主频较高,电磁辐射频带范围变化区间在1 kHz~1.5 MHz之间,频带范围最宽。分析主频的变化特征时,发现随着温度的增加,电磁辐射主频在低频区域也出现了幅值的明显变化。

煤在受热升温过程中,电磁辐射主频具有范围增加、波动变化、低频幅值显现的特性。电磁辐射主频变化表明电磁辐射信号能够表征煤在受热升温时的内部状态演化过程,温度越高,电磁辐射主频和次主频响应越明显,这也就能够为下一步现场测试煤体温度异常区域提供频率选择的指导和理论基础。分析电磁辐射频谱特征,选择合适的电磁辐射频谱,利于更加全面地接收煤受热升温电磁辐射信息。

## 3.3 煤燃烧电磁辐射时-频特性

### 3.3.1 煤燃烧电磁辐射时序信号长程相关性

由上节的分析得到,煤在受热升温时的电磁辐射信号既与温度呈正相关,又具有典型的非线性特征。本节应用R/S方法,统计分析煤在不同燃烧阶段产生的电磁辐射信号与温度的长程相关性。表3-3为电磁辐射时间序列的R/S统计结果。

表3-3 煤升温燃烧电磁辐射R/S统计结果

| 煤种 | 100 kHz | | 300 kHz | |
|---|---|---|---|---|
| | $H$ | $D$ | $H$ | $D$ |
| BL | 0.60 | 1.4 | 0.65 | 1.35 |
| SHJ | 0.61 | 1.39 | 0.8 | 1.2 |
| TT | 0.97 | 1.03 | 0.96 | 1.04 |

由表3-3可得,3种煤在升温燃烧过程中电磁辐射信号的$H$值均大于0.5。$H$值的大小能够表征电磁辐射时间序列的发展持续性,当$H>0.5$且值越大时,表明电磁辐射时间序列变化具有越高的持续稳定变化特性,即电磁辐射时间序列信号是逐渐增大的,即$H$值越大,信号增加的趋势越明显。煤升温燃烧时电磁辐射信号$H$值和$D$值的变化,表明电磁辐射信号与升温时间及温度呈正相关,即随着温度的增加,电磁辐射信号呈增大的趋势。3种煤在升温燃烧时电磁辐射信号的$H$值大小有明显差异,$H$值从大到小分别为TT>SHJ>BL。

随着煤体温度升高直至燃烧阶段,$H$值在不同温度阶段也会发生变化。$H$值的大小变化差异,也说明不同种类的煤在升温燃烧过程中,电磁辐射时序信号变化具有一定的差异性。$H$值的大小及变化趋势能够在一定程度上判别煤受热升温和燃烧的阶段与状态。

TT煤升温燃烧时,不同频率的电磁辐射信号的$H$值与温度的变化关系如图3-6所示。

由图3-6可知,3个温度阶段内$H$值的变化趋势有显著不同,煤升温燃烧电磁辐射信号的$H$值随着温度的升高呈现出减少→波动变化→增大的变化趋势。煤升温初期,煤体内部裂隙闭合,水分散失,细小裂隙产生,产生了明显的电磁辐射信号,电磁辐射信号逐渐增加,此时$H$值较大。100~200 ℃时,100 kHz和300 kHz电磁辐射信号的$H$

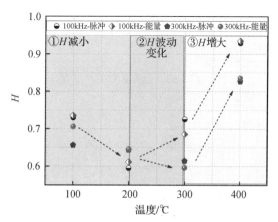

图3-6　$H$值与温度的变化关系

值均减小,煤体温度升高,电磁辐射维持一定高值且呈增大变化,此时电磁辐射相对初始升温时变化稳定,因此$H$值相对减小;煤在持续升温条件下,温度继续升高当达到煤燃烧的阈值时,电磁辐射信号出现显著变化,电磁辐射信号维持在一定的高值范围内,$H$值又呈增大趋势。

随着煤体温度的升高,煤体内部不断发生变化,煤体热变形和破裂加剧,煤体内部的复杂变化导致100 kHz电磁辐射信号在200~300 ℃时的$H$值较0~100 ℃大;300 kHz电磁辐射信号在200~300 ℃时的$H$值较0~100 ℃小。100 kHz和300 kHz电磁辐射信号在200~300 ℃的波动变化特征,表明温度在200~300 ℃电磁辐射信号变化最为显著,电磁辐射信号变化规律复杂。煤受热升温及燃烧电磁辐射信号$H$值的变化规律表明,能够应用$H$值的大小及变化来描述煤体受热升温及燃烧过程中的温度变化及状态。

### 3.3.2　煤升温燃烧电磁辐射多重分形特征

煤在受热升温及燃烧过程中的电磁辐射时间序列具有典型的非线性特征,R/S统计分析中的$H$值和$D$值能够对煤升温及燃烧过程电磁辐射时间序列做整体性的描述。煤在受热升温和燃烧过程中,由于煤体内部结构的复杂变化,使得电磁辐射时间序列具有显著的空间变异性,而多重分形则能通过谱函数来描述分形结构。分形结构的变化,能够反映不同层次的电磁辐射信号的非线性特征。

计算得到的煤升温燃烧电磁辐射多重分形谱为 $\alpha-f(\alpha)$,煤升温燃烧电磁辐射多重分形谱的宽度 $\Delta\alpha=\alpha_{max}-\alpha_{min}$,$\Delta\alpha$ 为整个分形结构上的电磁辐射时间序列的均匀程度,$\Delta\alpha$ 越大表示煤升温燃烧电磁辐射信号的大小信号分布的复杂和变化剧烈程度越大。

需要说明的是,煤升温燃烧电磁辐射时间序列的大信号和小信号也可称为电磁辐射大事件和小事件,对电磁辐射信号的大小事件在相对同一个温度阶段内进行对比,得到燃烧阶段的电磁辐射小信号的值大于初始升温过程中电磁辐射大信号的值。

多重分形谱 $\alpha-f(\alpha)$ 的形态有两种:①若谱的顶点右偏、右端低于左端,则 $\alpha-f(\alpha)$ 谱属于密集型,表征煤升温燃烧电磁辐射时间序列中大事件起主导作用;②若谱的顶点左偏、左端显著低于右端,则 $\alpha-f(\alpha)$ 谱属于稀疏型,表征煤升温燃烧电磁辐射时间序列中小事件起主导作用,电磁辐射信号的离散性大。煤升温燃烧过程中,3 种煤电磁辐射时间序列多重分形谱如图 3-7 所示。

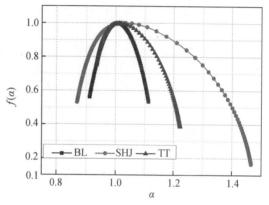

图 3-7 煤受热升温电磁辐射多重分形谱

BL、SHJ、TT 煤在升温燃烧过程中,电磁辐射时间序列的分形谱形态特征具有显著差异,但多重分形谱的形态均为稀疏型,电磁辐射时间序列的离散性较大,小事件占优势。小信号出现频率大于大信号,说明煤升温燃烧过程中内部变形破裂的不均匀性,煤升温燃烧时的煤体变形和破裂是逐渐从无到有,从小到大,在电磁辐射变化特性中表现为小信号多于大信号。随着温度的升高,煤体内部裂隙闭合、贯通等演化发展变化没有体现出显著的相关性,内部裂隙发展演化向多个方向展开。

多重分形谱宽度 $\Delta\alpha$ 反映了电磁辐射信号中的大信号和小信号之间的差异。对比 3 种煤升温燃烧过程中电磁辐射时间序列的多重分形参数,得到 SHJ 煤升温燃烧过程中电磁辐射时间序列的 $\Delta\alpha=1.23$,$\Delta\alpha$ 最大,说明 SHJ 煤电磁辐射信号中的大信号和小信号变化最显著,煤体变形破裂不均匀程度最高。BL、SHJ、TT 煤在升温燃烧过程中,$\Delta\alpha$ 逐渐变小,说明煤在升温燃烧时,电磁辐射时间序列数据结构变得简单,煤的变形破裂过程复杂性逐渐降低。

BL、SHJ、TT 煤在不同温度阶段的电磁辐射多重分形谱如图 3-8 所示。

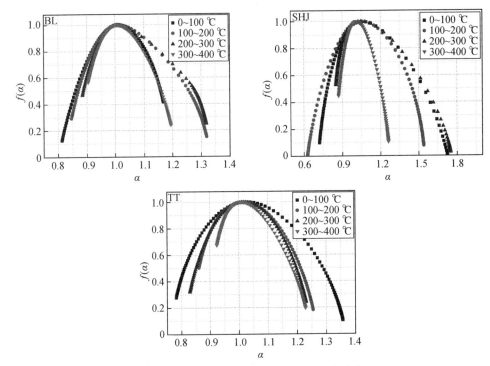

**图 3-8 不同温度阶段电磁辐射多重分形谱**

不同温度阶段,煤升温燃烧的电磁辐射多重分形谱形态有显著差异,TT 煤的多重分形谱均为稀疏型;BL 煤在 0~100 ℃为密集型,100~400 ℃为稀疏型;SHJ 煤在 100~200 ℃为密集型,0~100 ℃和 200~400 ℃为稀疏型。

不同温度阶段分形谱形态的差异,说明煤升温燃烧过程中电磁辐射信号大小和变化趋势的差异。3 种煤升温燃烧时产生的电磁辐射时序信号不一致,原因是煤的种类不同,导致煤在升温燃烧时产生的电磁辐射信号有差异。这也进一步表明煤升温燃烧过程中,随着温度的变化,不同煤体在热变形破裂过程中的复杂性和无序性。根据分形谱形态可以判定,BL 煤在 0~100 ℃电磁辐射信号中大信号比较明显,该阶段煤体内部微缺陷发育,变形较大,达到热破裂阈值后裂纹产生,产生的电磁辐射信号较明显;在此之后,随着温度的升高,煤体表现为多阶段变形破裂,电磁辐射信号中小信号占优势。SHJ 煤在 100~200 ℃电磁辐射信号中大信号比较明显,表明该阶段煤体产生了较为显著的热变形和破裂。

在煤升温燃烧电磁辐射时间序列中,$f(\alpha)$ 的大小表示奇异性为 $\alpha$ 的煤升温燃烧电磁辐射信号所占的频次;$\Delta f$ 的计算式为:$\Delta f = f(\alpha_{\max}) - f(\alpha_{\min})$,其则对应着煤受热燃烧不同尺度电磁辐射事件所出现的概率和频次。不同温度阶段 $\Delta \alpha$ 和 $\Delta f$ 变化如图 3-9 所示。

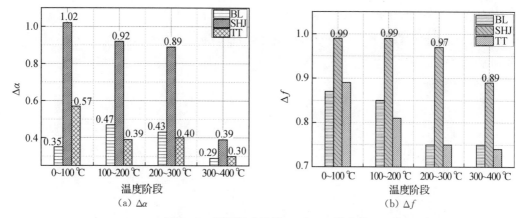

**图3-9 不同温度阶段 $\Delta\alpha$ 和 $\Delta f$ 的变化**

如图3-9(a)所示,随着温度的升高,BL煤的 $\Delta\alpha$ 呈先升高后降低的趋势,SHJ煤的 $\Delta\alpha$ 逐渐降低,TT煤的 $\Delta\alpha$ 在受载初期逐渐降低,但是在中间有个小幅升高的趋势。$\Delta\alpha$ 的变化趋势对电磁辐射信号的变化规律有一个宏观反映,即 $\Delta\alpha$ 越大,电磁辐射的大信号和小信号变化越大。煤在升温燃烧过程中,内部裂隙的闭合与扩展朝着多方向发展,变形破裂具有较大复杂性。随着温度的升高,$\Delta\alpha$ 逐渐变小,煤体内部的变形破裂逐渐朝着延展统一变化,电磁辐射信号变化的复杂性没有升温初期变化显著,表明随着 $\Delta\alpha$ 的变小,电磁辐射信号的离散性减小,煤体燃烧内部热损伤机制复杂性减弱。不同煤在升温燃烧过程中,不同温度阶段的电磁辐射 $\Delta\alpha$ 减少量也不同。

不同温度阶段,BL和SHJ煤升温燃烧电磁辐射信号的 $\Delta f$ 呈逐渐降低的趋势;TT煤的 $\Delta f$ 在0~300 ℃也逐渐降低,且300~400 ℃的 $\Delta f$ 值比200~300 ℃的 $\Delta f$ 值高,但低于0~200 ℃的 $\Delta f$ 值。在初始升温阶段,不同种类的煤内部受热使得水分逐渐蒸发,煤体内部膨胀变形、裂隙闭合,煤受热产生的电磁辐射信号包含较多的大信号和小信号,此时 $\Delta f$ 值最大。0~100 ℃时,SHJ煤的 $\Delta f$ 最大,其次是TT煤和BL煤;随着温度的升高,电磁辐射信号也逐渐升高,不同煤的电磁辐射增加值和趋势有差异,但 $\Delta f$ 均呈降低的趋势,此阶段 $\Delta f$ 降低量较小。煤在升温至燃烧过程中,电磁辐射信号的增大变化,表明在此过程中电磁辐射小信号的数量比较少,诱发产生小信号的数量减少,电磁辐射大信号和小信号出现的频次变小,$\Delta f$ 逐渐降低。TT煤在300~400 ℃的 $\Delta f$ 值比200~300 ℃的 $\Delta f$ 值高,这说明在燃烧阶段,TT煤自身在300~400 ℃比在200~300 ℃能够产生大量电磁辐射高值信号。

### 3.3.3 煤升温燃烧电磁辐射频谱特征

煤受热升温过程中电磁辐射频谱是逐渐变化的,通过不同频率天线测试,得到电磁辐射信号在低频信号和高频信号的幅值都有较大变化。在分析煤燃烧过程中电磁辐射频谱变化特性时,同样得到煤在燃烧时电磁辐射频谱也会发生明显的波动变化,电磁辐射主频并不是固定的,而是随着温度的升高逐渐变化的,这与煤在受热升温过程中的电磁辐射频谱特征一致。

煤升温燃烧全过程的电磁辐射信号频谱变化,能够表征煤燃烧电磁辐射的更多详细信息。以 BL 煤为例,对煤在升温燃烧过程中的电磁辐射信号进行频谱分析,电磁辐射信号的主频和幅值变化如图 3-10 所示。

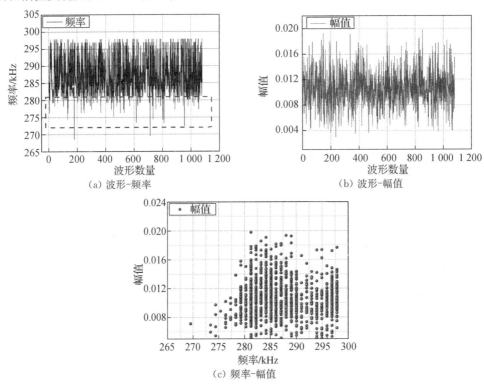

图 3-10  BL 煤升温燃烧电磁辐射主频-幅值变化

由图 3-10 可知,BL 煤升温燃烧时电磁辐射主频在 260~300 kHz 范围内波动变化,主频和幅值的变化说明煤升温燃烧过程中产生的电磁信号的强度和频次不断发生变化。已有研究得到:在煤岩受载变形破裂过程中,煤岩的尺度大小和初始裂纹的扩展与电磁辐射的频率特性有很大的关系。基于此,电磁辐射频率减小,说明升温燃烧过程中煤体内部微裂隙扩展,逐渐发展演化成较大尺度的裂纹,电磁辐射低频信号和高频信号数量快速增加,煤体变形破裂程度增加。煤升温燃烧时电磁辐射低频信号和高频信号都比较活跃,但高频信号数量多于低频信号,小尺度破裂比大尺度破裂显著。

煤升温燃烧过程中,电磁辐射幅值也是波动变化的,表现出高频高幅值的变化特性,幅值的大小表征煤岩变形破裂的程度,这说明煤体在温度升高过程中发生了不同程度(强度)的破坏。电磁辐射幅值的变化能够反映煤升温燃烧变形破裂的过程。煤体内部结构、温度作用等因素对电磁辐射频率特性产生影响,同时煤燃烧产生的火焰对电磁辐射的产生也有一定的影响。

## 3.4 本章小结

（1）本章分析了松散煤体的受热放热特性和煤受热升温的一维热传导关系。基于煤在受热升温和燃烧过程中的电磁辐射测试，得到煤受热升温过程中电磁辐射随着温度的升高逐渐增大。拟合 3 种煤电磁辐射与温度的关系，得到电磁辐射与温度呈正相关，具有较高的相关性。BL 煤在受热升温时电磁辐射信号和 CO 气体均呈逐渐增大的趋势。

（2）不同变质程度的煤受热产生的电磁辐射信号均符合赫斯特统计规律，$H$ 值均大于 0.5。煤在受热升温过程中，电磁辐射信号具有显著的长程相关性，表明随着时间和温度的增加，电磁辐射信号呈增大的变化趋势。

（3）应用电磁辐射分形谱的形态以及分形参数 $\Delta\alpha$ 和 $\Delta f$ 的动态变化表征了煤升温燃烧损伤状态及变形破裂过程。煤在升温燃烧过程中，电磁辐射时间序列的分形谱形态特征具有显著差异，但多重分形谱的形态为稀疏型，电磁辐射时间序列的离散性较大，反映了煤升温燃烧过程变形破裂的不均匀性。与电磁辐射多重分形谱相比，煤在升温燃烧过程中，电磁辐射信号的 $\Delta\alpha$ 大小与煤的种类有关，基本上 $\Delta\alpha$ 逐渐变小，随着温度的升高，电磁辐射时间序列复杂结构变得简单，煤的热变形破裂过程复杂性逐渐降低，热损伤程度增加。煤升温燃烧过程中，内部裂隙发展演化向多个方向展开，根据分形谱的形态特征以及分形参数 $\Delta\alpha$ 和 $\Delta f$ 的动态变化，可以判定电磁辐射信号的时序差异。

（4）煤在受热升温过程中，电磁辐射信号的频谱随着煤体温度的升高而变化，电磁辐射频带范围变化区间在 1 kHz～1.5 MHz 之间。随着温度的增加，电磁辐射幅值在低频带区域内出现了明显的变化。煤受热升温及燃烧过程中，电磁辐射主频呈现主频带变宽、主频波动以及低频幅值显现的变化特性。温度越高电磁辐射主频的响应越明显，这也进一步说明电磁辐射主频变化能够表征煤在受热升温时的损伤破坏状态。

（5）煤在升温燃烧过程中，电磁辐射幅值也发生波动变化，表现为高频高幅值的变化特性，对应煤在温度升高过程中发生不同程度（强度）的损伤破坏。煤燃烧时的电磁辐射测值比煤受热升温时的电磁辐射测值高，这是由于煤受热升温时的热损伤造成热变形破裂，煤燃烧火焰中带电离子的作用结果。煤受热升温及燃烧过程的电磁辐射机理分析将会在后面章节详细分析。

# 4 煤岩升温加载力学–电–声特性及不同损伤条件电磁辐射特征差异

通过研究得到煤受热升温和燃烧过程能够产生电磁辐射信号，而煤自燃发生时，煤岩往往处于一定的受力状态，因此不同热–力条件下的煤岩损伤破坏电磁辐射变化特性还需要进一步研究。在分析了煤受热升温及燃烧过程的电磁辐射时–频特性之后，本章通过建立煤岩复合损伤破坏电磁辐射测试系统，分析无约束条件、常温单轴压缩条件、高温处理后受载破坏和升温加载耦合4种条件下煤岩损伤力学行为、裂隙演化以及电磁辐射信号时–频特性，进一步采用声发射技术协同表征煤岩热损伤破裂演化过程。

分析煤受热升温与受载破坏产生的电磁辐射信号特征及差异性，有助于确定电磁辐射最终来源，指导电磁辐射进行现场应用。进一步，对煤岩热损伤力学行为进行分析，有助于掌握煤自燃火灾发生后周边煤岩隙演化过程及稳定性评价。

## 4.1 煤岩损伤破坏力学–电–声实验系统

为实现煤岩升温加载耦合条件下力学–电–声测试及分析，本节构建了煤岩复合损伤破坏实验系统。为了消除交流电对测试电磁辐射的干扰，升温过程全部采用直流电热管加热方式，采用红外热成像仪测试煤岩升温加载耦合条件下的温度变化过程。

### 4.1.1 试样制备及分析

实验所用煤岩试样取自山西朔州白芦煤矿（BL）和山西临汾矿区（LF），通过钻芯取样的方式将大块煤岩加工成标准试样。煤岩试样严格按照国际岩石力学学会标准进行加工，试样为 $\phi50\ mm \times 100\ mm$ 的圆柱体，试样加工精度满足两端面不平行度误差小于0.05 mm，端面不平整度误差小于0.02 mm。取样后的煤岩实物如图4–1所示。

BL $\phi$50mm × 100mm        LF $\phi$50mm × 100mm

**图 4–1　煤岩试样实物图**

试样加工完,选取符合标准的试样并称重。BL 煤试样具体尺寸是 $\phi 50$ mm×100 mm,数量是 24 个标准煤样、12 个标准岩样,临汾地区标准岩样 27 个。

BL 煤的工业分析及氧化物性参数已在第 2 章中测试过。BL 岩石为灰色细砂岩,具有良好的水平层理,通过 XRD(X 射线衍射)分析得到的主要矿物成分及含量为:石英含量为50.5%,钾长石含量为 15.7%,白云石含量为 5.1%,黏土矿物含量为 19.1%。

LF 岩石为砂岩,根据 XRD 分析得到主要矿物成分为石英、长石、钾长石、菱铁矿和白云石,其中石英含量为 53.7%,钾长石含量为 18.5%,长石含量为 4.6%,菱铁矿含量为 4.1%,黏土矿物含量为 18.1%。

### 4.1.2 实验系统及步骤

1) 实验系统

在进行不同热-力条件煤岩损伤破坏实验时,首先建立了煤岩复合损伤破坏力学-电-声实验系统,如图 4-2 所示。

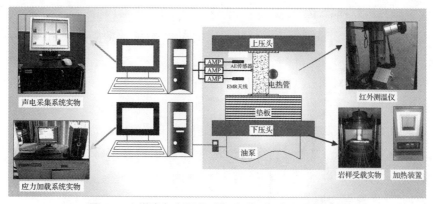

**图 4-2 煤岩复合损伤破坏力学-电-声实验系统图**

由图 4-2 可知,实验系统主要包括加载系统、煤岩高温热处理装置、红外热成像仪、电磁辐射和声发射采集系统等。

(1) 加载系统采用新 SANS 微机控制电液伺服压力试验机,该压机能实现力、位移控制,为保证实验测试的一致性,本章的所有实验均采用力控的方式。煤岩加载系统实物图如图 4-3 所示。

**图 4-3 煤岩加载系统实物图**

（2）高温热处理装置

高温热处理装置采用 QSH－1200T 箱式高温炉,最高工作温度为 1 200 ℃,采用 51 段可编程智能控温仪表进行智能控温,加热速度为 0～30 ℃/min。该设备控制精度高、抗干扰性能强、操作简单,具有超温、断偶报警功能等特点。

（3）波速测试仪

采用 ZBL-U520 非金属检测仪进行岩石纵波波速测量,该装置具有声时、波速自动判读功能,声时精度为 0.05 $\mu$s,能够实现 1 个通道的发射和 2 个通道的接收,触发方式为信号触发,接收灵敏度≤30 $\mu$V,发射电压可选 65 V、125 V、250 V、500 V、1 000 V。

（4）煤岩实时升温装置

为测试煤岩升温加载条件下的力学-电-声特性,升温装置使用电热管进行煤岩受载过程中的加热升温,电热管采用直流加热方式,功率为 500 W。

2）实验步骤

（1）煤岩经高温处理后,内部结构发生变化,力学参数也会改变。分析温度对煤岩试样的初始损伤,分别测试常温条件下煤岩试样的密度和波速,波速的测量使用 ZBL-U520 非金属检测仪。

（2）使用 QSH-1200T 箱式高温炉对煤岩试样进行热处理,岩石试样热处理的温度分别为常温（30 ℃）、100 ℃、200 ℃、300 ℃、400 ℃、600 ℃、800 ℃、1 000 ℃;煤样热处理温度分别为常温（25 ℃）、100 ℃、200 ℃、300 ℃。升温速度为 15 ℃/min,达到设定温度后恒温 2 h,使试样受热充分。试样恒温 2 h 后在高温炉内自然冷却,冷却后将试样放到干燥玻璃容器中。称量高温后试样的质量,每个试样重复 3 次,采用 ZBL-U520 非金属检测仪测试岩石试样的波速,重复 3 次求平均值。

（3）调整测试仪器,调整电磁辐射采集门槛值和采样频率,严格保证测试过程中仪器参数一致。为有效分析电磁辐射信号,高温处理后岩石受载破坏实验的电磁辐射前置放大器设置为 40 dB。调整采集门槛值,门槛值的大小范围在 45～55 dB,声发射前置放大器的放大倍数设为 40 dB,声发射采集系统门槛值设为 45 dB,采样频率均为 1 MHz。

（4）构建升温加载耦合条件下煤岩受载损伤电磁辐射实验系统,将直流电热管固定在煤岩试样中间,测试无约束条件下煤岩试样在持续热源作用下的声发射和电磁辐射变化规律。为有效对比电磁辐射特征差异,保证测试参数的一致性,进行不同损伤条件下的电磁辐射测试时,前置放大器的放大倍数为 60 dB。采用红外成像仪实时采集煤岩的温度变化,采集范围覆盖整个煤岩。测试常温和高温处理后的煤岩试样单轴压缩条件下的力学-电-声特性;测试升温加载耦合条件下的煤岩力学-电-声变化规律。声电采集参数和步骤（3）严格一致。

（5）实验数据的分析和处理。

## 4.2　热处理后煤岩受载力学行为及裂隙演化

### 4.2.1　岩石热处理受载破坏力学行为

LF 砂岩经高温处理后,表观形态发生明显的变化,按照上节实验步骤所述,常温(30 ℃)以及分别经 100 ℃、200 ℃、300 ℃、400 ℃、600 ℃、800 ℃、1 000 ℃高温处理后的砂岩试样颜色发生明显变化,如图 4-4 所示。根据图 4-4 中的砂岩试样的颜色变化,可以看出经 200 ℃高温处理后,砂岩表观颜色有所加深,经 500 ℃高温处理后,岩石的表观形态出现了类似粉红色变化。(彩图见图 4-4 旁的二维码链接)

**图 4-4　高温处理后岩石试样颜色变化图**

单轴压缩实验条件下岩石的应力-应变曲线可分为压密、弹性变形、稳定破裂发展及非稳定破坏 4 个阶段[157]。高温处理后岩石应力-应变及峰值曲线如图 4-5 所示。(彩图见图 4-5 旁的二维码链接)

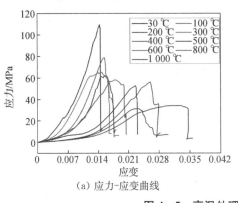
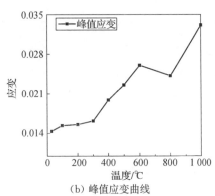

（a）应力-应变曲线　　　　　　　（b）峰值应变曲线

**图 4-5　高温处理后岩石受载破坏应力及变形曲线**

图 4-5(a)应力-应变曲线表明,30～200 ℃砂岩以脆性破坏为主,温度升高,砂岩的延性增强,峰值应变增大;300 ℃时,砂岩塑性变形增强,破坏峰值前出现较大的变形;400 ℃和500 ℃时,砂岩呈明显的延性破坏,峰后应力-应变曲线区别明显;600 ℃之后,砂岩的脆性和延性破坏均增强,峰值应力前变形较大,峰值应力后,应力快速降低。

温度作用后,LF 砂岩的质量降低,温度越高,岩石质量减少越大。高温后砂岩抗压强度、波速、弹性模量在各温度阶段的变化如图 4-6 所示。

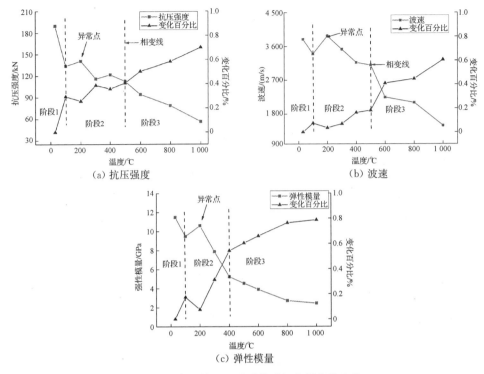

**图 4-6 岩石热处理后受载破坏力学参数变化**

由图 4-6 可知,图中的变化率表示高温处理后的力学参数大小与常温时的比值,变化百分比越大说明砂岩力学参数变化越大,高温处理后 LF 砂岩的抗压强度、波速、弹性模量在常温(30 ℃)～100 ℃、100～500 ℃、500～1 000 ℃三个特征温度区域的变化特性为:

区域 1:砂岩抗压强度、波速、弹性模量下降;经 100 ℃高温处理后,岩石内部附着水逸出,岩石内部出现微裂隙,岩石承载能力和抗变形能力降低。

区域 2:整体上砂岩抗压强度、波速、弹性模量下降,出现异常点;经 200 ℃高温处理后,岩石抗压强度、波速、弹性模量较经 100 ℃高温处理后高;由于经 200 ℃高温处理后,岩石内部原始裂隙愈合,裂隙数量减少,密实程度提高,导致岩石力学参数出现异常点。

区域 3:抗压强度、波速显著降低,最大降幅分别达 70.2%、62.23%,弹性模量降低速度变慢;高温使岩石内部结构发生相变,500～600 ℃时岩石内部的石英从 α 相转变为 β 相[118],岩石力学性质逐渐劣化,抗压强度发生突变,突变后岩石抗压强度显著降低;高温处理后岩石内部各矿物质膨胀,孔隙体积增大,波的能量衰减增大,造成岩石纵波波速下降[121];高温处理后砂岩延性增强,导致弹性模量在阶段 3 的降低速度没有 200～400 ℃显著。

## 4.2.2 岩石热处理后受载破坏裂隙演化

1) 岩石破坏模式分析

LF 砂岩经高温处理后,力学强度降低,根据煤岩受载破坏过程中实验步骤所述,常温(30 ℃)条件下以及分别经 100 ℃、200 ℃、300 ℃、400 ℃、600 ℃、800 ℃、1 000 ℃高温处理后,LF 砂岩失稳破坏过程中破坏模式发生变化,经不同温度处理后 LF 砂岩受载破坏的模式如图 4-7 所示。

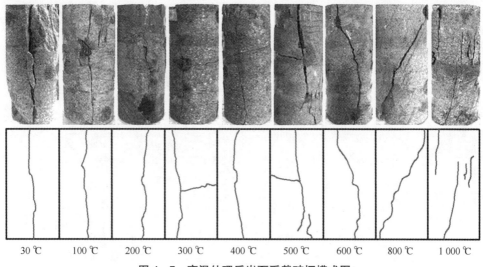

| 30 ℃ | 100 ℃ | 200 ℃ | 300 ℃ | 400 ℃ | 500 ℃ | 600 ℃ | 800 ℃ | 1 000 ℃ |

**图 4-7　高温处理后岩石受载破坏模式图**

由图 4-7 可知,30～200 ℃高温处理后砂岩的破坏模式以劈裂破坏为主,主破裂发生在轴向位置,有一条贯穿试样的主裂纹。300～400 ℃高温处理后砂岩以劈裂和张拉组合破坏为主,300 ℃时出现横向主裂纹。500～800 ℃高温处理后砂岩破坏特征主要为剪切和张拉破坏,500 ℃后试样出现一条横向裂纹,主裂纹周边出现细小裂纹,裂纹的分布没有明显的分布规律,600 ℃和 800 ℃高温处理后砂岩出现一条剪切裂纹,1 000 ℃高温处理后试样受载破坏显著,试样出现较多细小裂纹。综上所述,随着温度的升高,砂岩破坏模式由劈裂破坏变为劈裂拉伸组合、剪切拉伸组合破坏。

2) 岩石热损伤受载破坏电-声特性

选用电磁辐射计数和声发射累计振铃计数来分析高温处理后岩石变形破裂过程,经不同温度处理后 LF 砂岩变形破裂电磁辐射计数和声发射累计振铃计数如图 4-8 所示。

高温处理后,砂岩变形破裂能够产生电磁辐射信号和声发射信号,实验过程中,将电磁辐射测试系统前置放大器的放大倍数设置为 40 dB,电磁脉冲大小在 0～100 之间变化,电磁辐射和声发射均随着应力的增大而增大。受载过程中,岩石变形破裂产生的电磁辐射信号比较活跃;受载后期,声发射信号比电磁辐射信号变化明显。电磁辐射信号与声发射信号并不是表现出一一对应的变化趋势,而是呈现出信号交替的上升和降低。电磁辐射随温度的变化特性如图 4-9 所示。

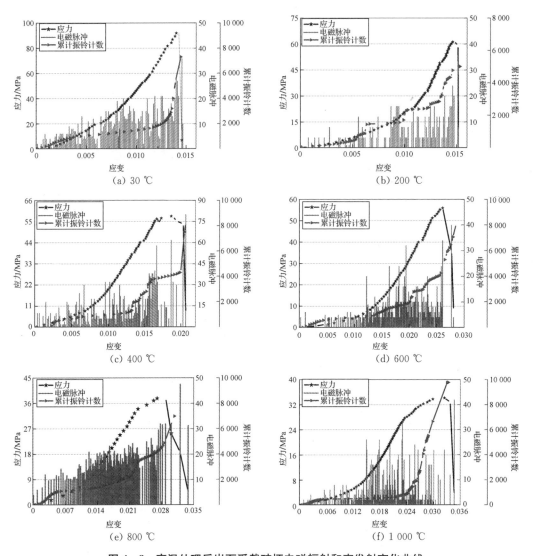

图4-8 高温处理后岩石受载破坏电磁辐射和声发射变化曲线

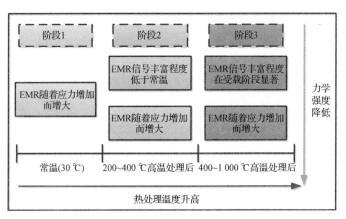

图4-9 电磁辐射随热处理温度的变化特性

由图4-9可知,电磁辐射在三个温度区域具有显著变化特性,温度区域分别为:常温(30 ℃)、200～400 ℃高温处理后、400～1 000 ℃高温处理后。常温下,电磁辐射随着应力的增加而增大,失稳破坏时,电磁辐射突然增大,变化最显著。200～400 ℃高温处理后,电磁辐射随着应力的增加而增大,但电磁辐射信号没有常温下丰富。400～1 000 ℃高温处理后,受载过程中电磁辐射信号变化非常明显,表明经过400 ℃以上的高温处理后,岩石初始损伤比较严重,受载过程中产生大量的变形破裂。

200～400 ℃高温处理后,砂岩内部一些裂缝愈合,裂纹的数量开始呈下降趋势,在受载变形破裂时,能够产生电磁辐射信号,但电磁辐射信号没有常温岩石变形破裂产生的电磁辐射信号丰富。400～1 000 ℃高温处理后,由于岩石中的矿物成分及其内部结构发生了变化,石英发生相变体积增加,岩石内部微裂隙增加,岩石力学性质劣化。同时400～1 000 ℃高温处理后,岩石内部不同赋存状态的水分丧失,岩石的内部缺陷增加,岩石材料的延性发生变化,在初始受载及过程中的电磁辐射信号变化较显著,并且电磁辐射信号较受载后期丰富。

表4-1为LF砂岩热处理后受载破坏电磁辐射信号的R/S分形统计规律。

**表4-1 岩石热处理后受载破坏电磁辐射信号分形结果**

| 温度/℃ | 30 | 200 | 400 | 600 | 800 | 1 000 |
|---|---|---|---|---|---|---|
| 赫斯特指数 $H$ | 0.582 | 0.622 | 0.777 | 0.829 | 0.866 | 0.655 |
| 分形维数 $D$ | 1.418 | 1.378 | 1.223 | 1.171 | 1.134 | 1.345 |
| 相关系数 $R$ | 0.956 | 0.966 | 0.971 | 0.987 | 0.943 | 0.966 |

结合图4-6及表4-1得到,高温处理后,岩石受载破坏电磁辐射的$H$指数均大于0.5,表明电磁辐射时间序列具有长程相关性。高温处理后,岩石受载破坏产生的电磁辐射信号与受载时间及变形呈正相关。

### 4.2.3 煤体热处理后受载破坏力学行为及电磁辐射特性

根据4.1节中煤热损伤后受载破坏测试的实验步骤,测试得到BL煤热损伤后受载破坏应力-应变曲线如图4-10所示。

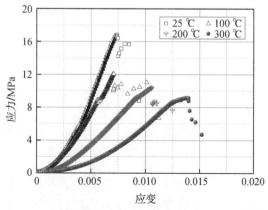

**图4-10 高温处理后BL煤受载破坏应力-应变曲线**

高温处理后,煤的力学性质降低,煤体在常温时的峰值强度为 16.81 MPa,经 300 ℃高温处理后,煤的峰值强度变为 9.16 MPa,降幅达到 45.5％。温度对煤体造成热损伤,煤体内部水分的散失以及煤体骨架变化等都能造成煤体强度减少。随着温度的升高,煤体的延性增强,峰值应变增大;破坏峰值前出现较大的变形,常温下煤体的应变为 0.009 4,经 300 ℃高温处理后煤的应变增大到 0.015 6。

　　通过测试 BL 煤经热处理后受载破坏电磁辐射变化,分析得到电磁辐射变化特征如图 4-11 所示。

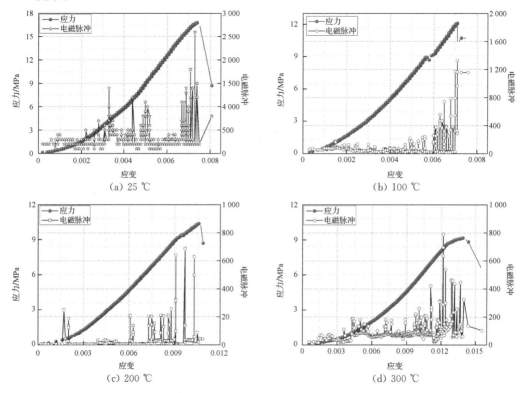

图 4-11　高温处理后 BL 煤受载破坏电磁辐射变化曲线

　　实验过程中,电磁辐射前置放大器的放大倍数为 60 dB,测试得到高温处理后煤的电磁脉冲在 0～3 000 之间;不同高温处理后,煤体变形破裂能够产生电磁辐射,整体上电磁辐射随着应力的增大而增大,但不同高温处理后对应产生的电磁辐射信号变化趋势不同。煤经高温处理后,煤体内部发生变化,高温使得煤体内部结构发生改变,其力学强度降低,电磁辐射测值也发生变化。

# 4.3　不同损伤条件下煤岩破坏电磁辐射-声发射时序特性

　　高温处理后,煤岩受载破坏力学、电磁辐射和声发射特性已得到分析,为了对比不同损伤条件下的煤岩破坏电磁辐射-声发射变化,本章分别进行了无约束条件下煤岩受热升温,常温单轴压缩条件下煤岩受载破坏,升温加载耦合条件下煤岩损伤破坏电磁辐射-声发射测试。测试结果如下所述。

### 4.3.1 无约束条件下煤岩受热升温电磁辐射-声发射测试结果

根据 4.1 节中煤岩在不同热-力条件下电磁辐射-声发射测试的实验步骤,得到无约束条件下煤岩受热升温电磁辐射-声发射测试结果如图 4-12 所示。

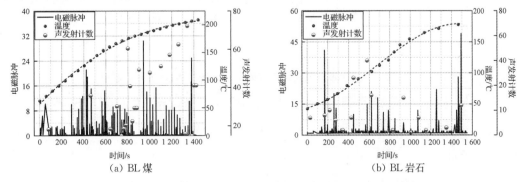

图 4-12　无约束条件下煤岩受热升温电磁辐射-声发射测试图

由图 4-12 可知,煤岩在无约束条件下受热升温时均能产生电磁辐射信号。在煤受热初期(温度为 50 ℃)就能测试到电磁辐射信号,但由于温度较低,电磁辐射测值较小;随着温度的升高,煤受热产生的电磁辐射逐渐增大,同步的声发射信号的变化也呈逐渐增大的趋势。

煤和岩石受热产生的电磁辐射信号变化存在显著差异,岩石受热升温时,温度为 53 ℃时,电磁辐射信号有一个徒增的变化,之后电磁辐射信号呈波动增加变化。声发射信号在受热初期也有信号产生,并且随着温度的增加,声发射信号逐渐增大;温度达到 100 ℃,声发射信号达到一个阶段高值,随后声发射信号呈波动变化。温度使煤岩产生热损伤,煤岩产生的电磁辐射信号也发生显著变化。

煤岩受热升温能够产生声发射信号,声发射信号与电磁辐射信号并不同步,电磁辐射信号和声发射信号是交替变化的。电磁辐射和声发射信号能够反映煤岩内部变形破裂情况,随着温度的增加,电磁辐射信号和声发射信号逐渐增加,表明煤岩的变形破裂逐渐增大。

### 4.3.2 常温单轴压缩条件下煤岩破坏电磁辐射-声发射测试结果

根据 4.1 节中煤岩在不同热-力条件下电磁辐射-声发射测试的实验步骤,得到常温单轴压缩条件下煤岩破坏电磁辐射-声发射测试结果如图 4-13 所示。

煤岩在常温单轴压缩过程中,电磁辐射信号和声发射信号在煤岩失稳破坏时变化最为明显。煤岩受载破坏过程的电声信号与无约束条件下煤岩升温过程的电声信号有一定差异,从时序特征上来分析,煤岩升温过程中,电磁辐射信号和声发射信号变化比较明显,温度作用下,煤岩内部颗粒变形膨胀产生初始破裂,这也是升温初期产生明显的电-声信号的原因。

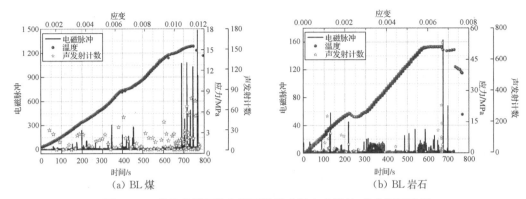

(a) BL 煤　　　　　　　　　　　　(b) BL 岩石

**图 4-13　常热单轴压缩条件下煤岩破坏电磁辐射-声发射测试图**

### 4.3.3　升温加载耦合条件下煤岩损伤破坏电磁辐射-声发射测试结果

根据 4.1 节中煤岩在不同热-力条件下电磁辐射-声发射测试的实验步骤,得到升温加载耦合条件下煤岩损伤破坏电磁辐射-声发射测试结果如图 4-14 所示。

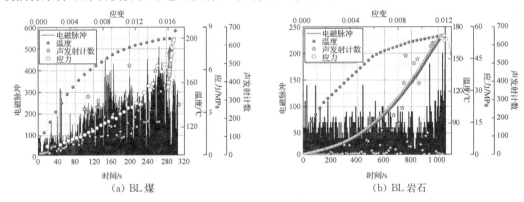

(a) BL 煤　　　　　　　　　　　　(b) BL 岩石

**图 4-14　升温加载耦合条件下煤岩损伤破坏电磁辐射-声发射测试图**

升温加载耦合条件下的煤岩损伤破坏电磁辐射信号和声发射信号变化非常显著,初始升温过程和加载时,煤岩破坏产生明显的电磁辐射信号和声发射信号,并且电声信号值比较大。随着温度逐渐升高,应力逐渐增大,电声信号也发生明显变化。煤在升温加载耦合条件下的电声信号比岩石显著。失稳破坏时,煤岩产生的电声信号达到最大,岩石在破坏阶段信号有一个突变的增大现象。温度和压力条件下,煤岩损伤比单一温度和压力条件下的程度严重,因此产生的电声信号更加明显。

### 4.3.4　不同损伤条件下煤岩损伤电磁辐射时序差异性对比分析

分析三种条件下煤岩损伤破坏电磁辐射信号时序特性,得到电磁辐射测值大小不同,电磁辐射信号变化具有显著差异。升温加载耦合条件下电磁辐射测值较常温单轴压缩条件下电磁辐射测值和无约束条件下煤岩升温电磁辐射测值变化显著。

煤岩升温及升温加载过程的电磁辐射变化特征如表 4-2 所示。

表4-2 煤岩升温及升温加载过程的电磁辐射变化特征

| 序号 | 温度阶段 | 无约束条件 | | 加温加载条件 | |
| --- | --- | --- | --- | --- | --- |
| | | 煤样 | 岩样 | 煤样 | 岩样 |
| 1 | 0～<70 ℃ | 产生信号,比较弱 | 产生信号,有突变 | 信号高于无约束煤样 | 产生信号,比较明显 |
| 2 | 70～<120 ℃ | 逐渐增大,变化明显 | 逐渐增大 | 有增强变化,信号强度大 | 信号变化缓慢,测值大 |
| 3 | 120～<170 ℃ | 信号增速变缓 | 增速变缓 | 信号逐渐增大,比较明显 | 信号波动变化 |
| 4 | 170 ℃～ | 信号波动变化 | 信号波动变化,有突变 | 信号增大速度显著 | 信号剧烈增大 |

煤岩升温及受载过程的电磁辐射差异特性如表4-3所示。

表4-3 煤岩升温及受载过程的电磁辐射差异特性

| 序号 | 受载阶段 | 常温单轴受载 | | 加温加载条件 | |
| --- | --- | --- | --- | --- | --- |
| | | 煤样 | 岩样 | 煤样 | 岩样 |
| 1 | 初始加载 | 产生信号,比较弱 | 产生信号,比较弱 | 产生明显信号,高于常温煤样 | 产生信号,比较明显 |
| 2 | 压密阶段 | 波动变化,测值较低 | 波动变化,测值较低 | 有增强变化,信号强度大 | 信号变化缓慢,测值大 |
| 3 | 弹性阶段 | 波动变化 | 波动变化 | 信号逐渐增大,比较明显 | 信号波动变化 |
| 4 | 失稳破裂 | 信号突变增大 | 信号突变增大 | 信号增大速度显著 | 信号剧烈增大 |

根据表4-2和表4-3及4.3节内容的分析,可归纳得到三种条件下煤岩损伤破坏电磁辐射时序差异性,具体如下:①不同温度阶段,煤岩损伤破坏电磁辐射测值大小差异较明显。②升温加载耦合条件下煤岩电磁辐射信号明显高于无约束条件下煤岩升温电磁辐射信号,这是由于升温加载耦合条件下煤岩损伤程度明显高于煤岩热损伤造成的变形破裂。③升温加载耦合条件下电磁辐射信号明显比常温单轴条件下电磁辐射信号丰富;常温单轴条件下煤岩在受载过程中,整体上电磁信号逐渐增大,在失稳阶段有显著变化;升温加载耦合条件下煤岩在受载过程中产生显著的电磁辐射信号。

## 4.4 不同损伤条件下煤岩破坏电磁辐射-声发射频域特性

### 4.4.1 岩石热处理后受载破坏声发射频谱特征

不同温度处理后,岩石变形破裂声发射时序信号特征已得到分析,本节分析声发射频谱特性,其能够表征高温处理后岩石受载裂隙发展过程,进一步为煤升温燃烧过程中上覆岩层的稳定性分析及现场测试提供指导。

不同应力水平的声发射波形变化如图 4-15 所示。

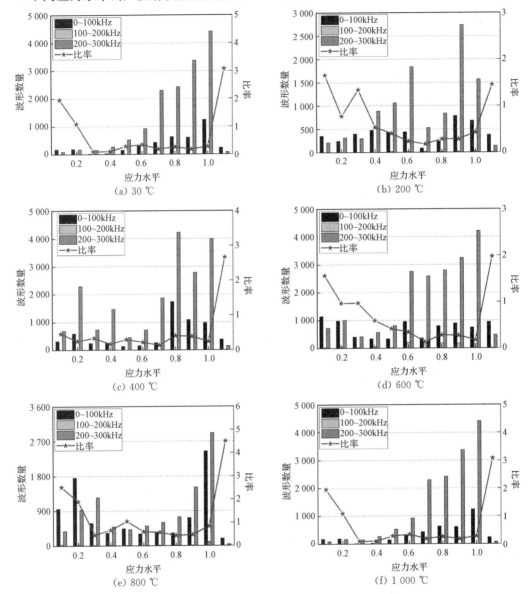

图 4-15 高温处理后岩石受载破坏不同应力水平的声发射频谱

根据对声发射低频和高频的划分研究[153]，本书将低于 100 kHz 的称为低频带，频率高于 200 kHz 的称为高频带。应力水平表示岩石受载过程中实际应力大小与失稳破坏时应力的比值，比率表示声发射低频信号波形数量与高频信号波形数量的比值，声发射比率越大，表明声发射低频信号增加越明显。

常温条件下，应力水平低于 0.6 时，岩石变形破裂同时出现高频信号和低频信号，由于声发射事件数量较少，高频信号和低频信号变化不明显。在塑性阶段，声发射低频信号和高频信号数量快速增长,岩石变形破裂程度增加,声发射信号的高频信号所占比例高于低频信号。在失稳破裂阶段,声发射高频信号和低频信号数量达到最大值,岩石变形破裂最明显。

根据参考文献[153]中声发射与岩石材料裂纹的对应关系得出:声发射信号中的高频信号对应于小尺度裂纹,低频信号对应于大尺度破裂。在分析岩石热损伤后受载破坏时,整体上岩石在失稳破裂阶段,声发射低频信号和高频信号都比较活跃,但高频信号数量多于低频信号,小尺度破裂比大尺度破裂显著。岩石失稳破裂的大尺度破裂是由小尺度破裂发展演化而来的,失稳破坏后,声发射比率达到最大,低频信号增加速度大于高频信号增加速度,大尺度破裂占主导地位。

高温处理后,岩石物理力学性质随着温度的变化表现出阶段性特征。由于岩石小破裂对应声发射高频信号,经高温处理后岩石内部结构发生热膨胀变形和热反应,受载破裂时,岩石内部原有的孔隙裂隙更加容易发生微小尺度破裂,小尺度破裂程度明显大于大尺度破裂程度,这也使得岩石变形破裂声发射高频信号比较显著。岩石最终破裂时,微小尺度破裂和大尺度破裂均快速增加,声发射高频信号和低频信号数量快速增加,并达到最大值,而大尺度破裂是由微小尺度破裂发展演化而来的,小尺度破裂范围和频次均大于大尺度破裂,因此声发射高频信号数量明显多于低频信号数量。失稳破坏时,声发射比率达到最大,低频信号增加速度大于高频信号,本阶段大尺度破裂占主导地位。

200 ℃高温处理后,岩石内部结合水逸出,岩石内部孔隙、裂隙发生闭合,受载初期岩石的压密变形比常温显著,因此随着载荷的增加,岩石内部裂隙不断发生闭合以及扩展,产生大量微小破裂,声发射高频信号明显多于低频信号。波形数量和幅值的变化反映的规律与应力变化曲线对应,对应的图中200 ℃高温处理后,声发射波形数量和幅值大小也发生明显变化。岩石经高温处理后,岩石延性增强,失稳破坏时,持续破坏较长,岩石发生大范围破裂,如图4-15(c),岩石经400 ℃高温处理后,岩石峰值处应变增加较大,岩石峰值破坏时发生大范围的大尺度破裂,声发射波形数量较多,声发射低频信号和高频信号均明显增大,声发射比率达到最大值。

600 ℃高温处理后,岩石的延性破坏和脆性破坏均增强,表现为声发射高频幅值明显增大,岩石内部颗粒的破裂对应高频声发射信号,而颗粒的滑移则对应低频声发射信号。因此,受载初期,岩石在变形破裂过程中,声发射低频信号和高频信号均高于常温,并且低频声发射信号所占比例较大,随着应力的增加,声发射频带变宽,高频信号和低频信号均增大,高频信号占优。

岩石破裂过程声发射信号主频分布如图4-16所示。不同温度处理后,岩石变形破裂过程中声发射主频带范围如表4-4所示。

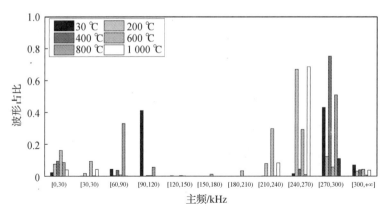

图 4‑16 高温处理后岩石受载破坏声发射主频分布图

表 4‑4 声发射主频带范围

| 温度 | 30 ℃ | 200 ℃ | 400 ℃ | 600 ℃ | 800 ℃ | 1 000 ℃ |
|---|---|---|---|---|---|---|
| 主频带 | 270～300 kHz | 240～270 kHz | 270～300 kHz | 210～240 kHz | 270～300 kHz | 240～270 kHz |
| 次主频 | 90～120 kHz | 270～300 kHz | 0～30 kHz | 240～270 kHz | 60～90 kHz | 270～300 kHz |

常温岩石在变形破裂过程中,声发射主频带和次主频带分别为 270～300 kHz 和 90～120 kHz,表现为低频高幅值的变化特征。高温处理后,声发射主频带发生变化,岩石变形破裂过程中,高频主频段占优,240～270 kHz 和 270～300 kHz 的主频区间所占波形比例最高。不同温度处理后,岩石变形破裂过程中,声发射幅值特性曲线如 4‑17 图所示。

常温时,岩石在受载初期,声发射的振幅较小,受载后期,声发射呈增强趋势,并在失稳破坏时达最大值。经高温处理后,岩石在受载初期,声发射振幅出现小幅升高,岩石经受温度越高,声发射增加幅度越明显。随着受载时间的增大,声发射振幅逐渐增大,失稳破坏时振幅达到最大值。

高于 600 ℃高温处理后,岩石受载初期声发射振幅也发生较大的变化。600 ℃高温处理后,岩石内部结构发生相变,岩石内部结构均匀性增强,岩石受载时,内部颗粒滑移,微破裂逐渐发展演化,与 200～400 ℃高温处理后岩石变形破裂形态不同。

不同温度处理后,声发射幅值不同,声发射幅值变化与受载过程的对应性较好,声发射幅值的变化能够反映出高温作用后岩石变形破裂的过程。不同温度处理的岩石都表现出明显的特征频率,且主频带分布不同;高温处理后,声发射主频带发生变化,出现多个主频带,如表 4‑4 所示。利用岩石变形破裂的主频带特征能够分析岩石所经受的特征温度,从而指导分析高温处理后岩石的力学特性及破裂行为。

## 4.4.2 煤岩损伤破坏电磁辐射频谱特征

1) 高温处理后岩石受载破坏的电磁辐射频谱特征

岩石热损伤受载破坏电磁辐射主频随应力增大而逐渐增大,受载初期,电磁辐射主频和强度较小,同一应力水平随着温度的升高,电磁辐射强度逐渐增大;随着加载进行,电磁辐射

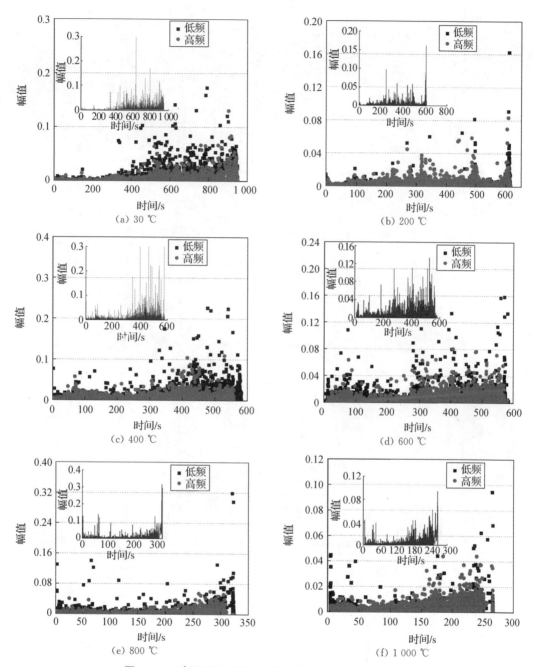

**图 4-17 高温处理后岩石受载破坏声发射振幅变化曲线**

主频和幅值逐渐增大,波动变化明显,岩石变形破裂显著;失稳破坏时电磁辐射主频明显,电磁辐射强度达到最大。

400 ℃和800 ℃高温处理后,电磁辐射频谱特性如图4-18所示。

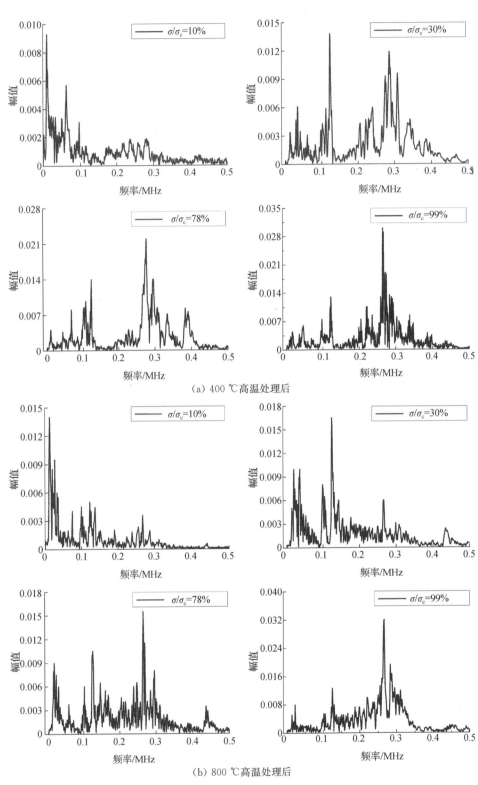

（a）400 ℃高温处理后

（b）800 ℃高温处理后

**图 4－18　不同应力水平下电磁辐射信号频谱图**

温度对岩石造成热损伤,受载初期,岩石产生破裂,但破裂较少,电磁辐射主频较低。随着加载的进行,高温处理后岩石破裂加剧,电磁辐射信号增强,主频带增高。应力水平为30％和60％时,电磁辐射频带波动变化比较明显,这说明受载过程中岩石发生了明显的变形破裂。受载后期,电磁辐射主频达到最大,岩石失稳破坏,电磁辐射主频比较明显。

　　400 ℃和800 ℃高温处理后,电磁辐射频谱变化趋势较为一致,但电磁辐射强度大小不同。高温处理后,电磁辐射波形数量比较多,为便于分析,统计不同应力水平下的250个电磁辐射波形,经温度处理后岩石受载破坏电磁辐射强度幅值变化如图4-19所示。

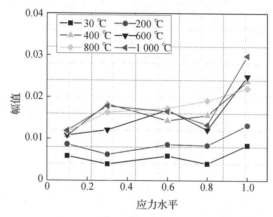

**图4-19　高温处理后岩石受载破坏电磁辐射强度幅值变化图**

　　由图4-19可知,高温处理后岩石电磁辐射主频信号强度(振幅)也随着应力的增大发生变化,经1 000 ℃高温处理后电磁辐射强度最大。经温度处理后岩石在受载初期的电磁辐射强度较低,但电磁辐射的强度随着温度的升高逐渐增大(如图4-19应力水平为0.1时所示)。

　　400 ℃是电磁辐射幅值变化的一个分界点,30～400 ℃高温处理后,电磁辐射强度变化明显,温度越高,电磁辐射强度越大,岩石变形破裂越明显。经400 ℃高温处理后,电磁辐射强度大小相近,在受载初期,岩石均发生明显变形破裂。受载过程中,应力水平为0.3～0.8时,高温处理后岩石受载产生的电磁辐射强度高于常温,400 ℃高温处理后,电磁辐射强度波动变化比较大,岩石变形破裂比较显著。在受载后期,电磁辐射的强度较高,且呈增强趋势,失稳破坏时电磁辐射强度值达到最大;温度越高,岩石热损伤越严重,失稳破坏时电磁辐射强度随着温度的升高逐渐增强。

　　2) 不同损伤条件下煤岩受载破坏的电磁辐射频谱特征

　　无约束条件下煤岩在受热升温过程中,电磁辐射主频幅值时序曲线如图4-20所示。

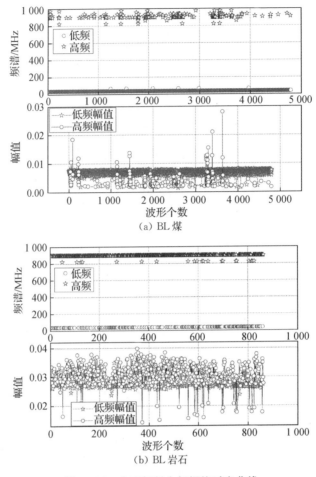

(a) BL 煤

(b) BL 岩石

**图 4-20  电磁辐射主频幅值时序曲线**

由图 4-20 可知,煤岩材料在温度作用下的电磁辐射频谱会发生波动变化。统计分析整个受热过程中的电磁辐射主频大小,发现电磁辐射主频在低频 0~50 kHz 以及高频 800~1 000 kHz 区间内也出现了明显变化。煤和岩石在升温过程中主频的变化有一定的差异,在高频 800~1 000 kHz 主频区间内,煤的主频在 800~1 000 kHz 区间内出现波动变化,而岩石的主频则基本上在 900 kHz 左右。

煤岩升温过程中电磁辐射幅值也逐渐发生变化,幅值越大表明煤岩内部颗粒破坏程度越大。煤在受热升温过程中电磁辐射幅值是波动变化的,幅值在 0~0.025 之间,煤的高频幅值变化明显,低频幅值主要维持在一定值。煤受热初期幅值变化比较明显,这表明煤在初始升温过程中,电磁辐射波动变化剧烈,升温后期,电磁辐射测值较大,但幅值没有升温过程明显。岩石升温过程中,幅值变化比较明显,幅值在 0.3~0.4 之间波动变化,但也会出现高频信号低幅值现象,整体幅值高于煤受热升温过程中的电磁辐射幅值。幅值的变化表明岩石热变形破裂较煤的破坏剧烈。整体上岩石的幅值是波动上升的,煤的幅值变化在前期就波动明显,但煤的热破裂温度阈值低于岩石,且岩石的热破裂强度比煤的高。

煤岩在升温加载耦合条件下电磁辐射主频幅值时序曲线如图 4－21 所示。

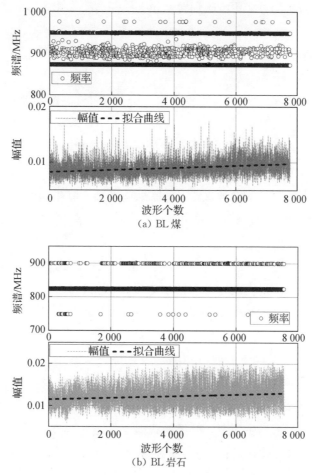

**图 4－21 煤岩在升温加载耦合条件下电磁辐射主频幅值时序曲线**

煤在升温加载过程中，主频基本在 850～950 kHz 之间变化，且没有出现低频信号。煤在升温加载耦合条件下的幅值变化明显，幅值呈逐渐增加的趋势。岩石在升温加载耦合条件下的变形破裂过程中，主频更加明显，基本是 750 kHz、820 kHz、900 kHz，且没有出现低频信号。电磁辐射主频幅值变化表明煤在升温加载耦合条件下破裂损伤加剧，对应的煤岩大破裂和小破裂都增加，煤的变形破裂比单纯的无约束热损伤和单轴压缩损伤破坏严重。

分析煤岩在无约束条件、升温加载耦合条件下的电磁辐射主频变化特征及差异，得到煤岩受热升温能够接收到两种频率的信号，分别为低频 0～50 kHz 以及高频 800～1 000 kHz，其中低频信号在 38 kHz 左右信号波形数量最多，高频信号在 880 kHz 左右波形数量最多。分析升温加载耦合条件下煤岩受载损伤过程中电磁辐射主频信号，得到煤岩主频区间为 800～1 000 kHz，且没有出现低频信号。这与煤岩单轴受载过程中主频变化特征存在显著差异。

电磁辐射主频区间的变化差异性能够作为区分煤岩受载破坏和升温加载耦合条件下的电磁辐射信号。通过第 3 章分析得到，大尺度煤自燃过程中电磁辐射主频在 500～800 kHz

范围内变化最为显著。在进一步指导现场测试时,应该兼顾煤岩无约束和升温加载耦合条件下电磁辐射主频变化,同时采用电磁辐射低频天线和高频天线进行电磁辐射现场测试。

## 4.5 本章小结

(1) 本章分析了煤岩在无约束条件、常温单轴压缩条件、高温处理后受载破坏和升温加载耦合4种条件下的煤岩损伤力学行为、裂隙演化以及电磁辐射信号时-频差异性。高温处理后砂岩的抗压强度、波速、弹性模量随温度的变化分为常温(30 ℃)~100 ℃、100~500 ℃、500~1 000 ℃三个特性阶段。随着温度的升高,砂岩破坏模式由劈裂破坏变为劈裂拉伸组合、剪切拉伸组合破坏。高温处理后砂岩受载破坏电磁辐射在常温(30 ℃)、200~400 ℃、600~1 000 ℃三个温度区域有显著的变化特性。不同温度处理后,砂岩受载破坏电磁辐射测值较常温时有明显的变化。

(2) 运用声发射技术协同表征了煤岩热损伤受载破坏演化过程。高温处理后,岩石受载初期变形破裂较常温显著,声发射低频信号数量比例较大,低频信号幅值高于高频信号。不同温度处理后,声发射高频信号数量比低频信号多,小尺度破裂逐渐积聚导致大尺度破裂,失稳破裂时声发射低频和高频的比率达到最大,此时大尺度破裂占主导地位。

(3) 分析了不同损伤条件下煤岩电磁辐射时频特征及差异。常温条件下,煤岩在受载过程中的电磁信号逐渐增大,在失稳阶段有显著突变性;升温加载耦合条件下,电磁辐射信号明显比常温单轴压缩条件下信号丰富。常温单轴压缩条件下,煤岩失稳破裂时主要发生脆性破坏,电磁辐射信号会发生突变。升温加载耦合条件下,煤岩损伤程度明显高于煤岩热损伤造成的变形破裂,电磁辐射信号同样明显高于无约束条件下煤岩受热升温电磁辐射信号。

(4) 煤岩受热升温电磁辐射频域特征与煤岩受载破坏电磁辐射频域特征有明显差异。高温处理后,岩石电磁辐射信号的频谱随着载荷的增大而增强。无约束条件下煤岩受热升温能够产生不同频带的电磁辐射信号,电磁辐射主频带范围主要为低频 0~50 kHz 和高频 800~1 000 kHz,其中低频信号在 38 kHz 左右信号波形数量最多,高频信号在 880 kHz 左右波形数量最多。常温单轴压缩条件下煤岩主频有变化并且逐渐增加;升温加载耦合条件下煤岩受载损伤过程中电磁辐射主频区间为 800~1 000 kHz。

(5) 电磁辐射频谱的变化能够区分煤岩受载破坏和升温加载耦合条件下煤岩损伤破坏电磁辐射信号差异性。在指导现场测试时,应该兼顾煤岩无约束和升温加载耦合条件下电磁辐射主频变化;可使用低频和高频天线同步进行煤自燃火灾现场探测,最大化采集煤自燃产生的电磁辐射信号。

**5** 煤受热升温及燃烧电磁辐射机理

煤在受热升温过程中,煤与氧气结合放出热量,热量积聚使得煤体温度逐渐升高。温度作用下,煤体发生复杂的宏微观的变形破裂,本章分析温度作用下煤体内部结构的变形破裂特性,为揭示煤受热升温破裂产生电磁辐射提供依据。煤在燃烧时辐射出可见光和红外光,燃烧火焰能够产生带电离子已得到共识,煤燃烧火焰中包含一系列带电离子电荷交换以及自由基的链式反应。通过分析煤燃烧火焰中带电离子电荷交换和自由基的链式反应过程,进一步揭示煤燃烧过程中产生电磁辐射的机理。为揭示煤受热升温及燃烧产生电磁辐射的机制,以煤体受热升温所产生的热应力为中间桥梁,建立了煤受热升温过程热电耦合模型。

## 5.1 温度作用下煤岩热变形破裂演化

### 5.1.1 煤受热自燃和热解过程

煤是一种包含复杂孔隙介质的结构体,煤的受热自燃过程可分为潜伏期、自热期、燃烧三个阶段,煤受热自燃阶段的划分如图 5-1 所示。

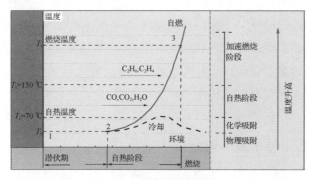

**图 5-1 煤受热自燃过程**

煤的受热初期,温度变化不大,温升速度比较慢。煤的受热自燃临界温度在 $60\sim80$ ℃之间,通常取值为 70 ℃[9]。煤体温度逐渐增高,煤的受热速度加快,当煤体温度在 $70\sim100$ ℃区间内,煤分解出 $CO$、$CH_4$ 等气体;当煤体温度在 $100\sim200$ ℃区间内,煤分解气体的速度加快,并产生 $C_2H_6$、$C_2H_4$ 等气体。当煤体温度达到 200 ℃时,煤的升温速度较快,煤分解产生气体的速度和产量均增大。

上述分析得到的结论与本书第 2 章中的煤受热升温过程中特征温度点和指标气体的测试分析结果一致。根据分析得到的煤自燃受热过程中的特征参数,进行煤自燃火灾预测预报。通过分析煤受热升温过程中的电磁辐射变化规律,并与煤受热升温过程中的特征参数进行对比,进一步验证了利用电磁辐射进行煤自燃火灾探测的正确性。

煤自燃过程的温度范围一般在 0～400 ℃,煤的热解研究温度能达到 1 000 ℃,在对煤的热解研究中,煤升温过程的化学反应如图 5-2 所示。

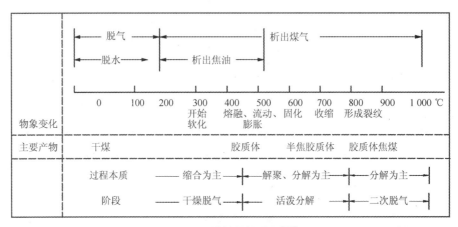

图 5-2 煤的热解过程[155]

煤的热解过程与煤自燃过程类似,根据煤的热解过程分析,煤的温度升高,煤体内部开始脱水和脱气,当温度达到 200 ℃之后,煤体内部焦油开始析出,并且析出煤气。

已有研究通过对高温处理后无烟煤的动静力学行为进行分析得到:煤的力学强度随着温度的升高逐渐劣化;热损伤分为 2 个明显的阶段,并且以 300 ℃为界。温度低于 300 ℃时,煤体主要以水分蒸发等物理反应为主;温度高于 300 ℃时,主要以化学反应为主[156]。煤的力学行为与煤的受热自燃过程和热解过程对应,实际上温度到达 300 ℃时,已经达到低变质程度煤(褐煤)的着火温度(270～350 ℃),接近烟煤的着火温度(320～380 ℃)。因此在分析煤在温度作用下的内部变形破裂特性和力学特性时,应充分考虑超过 300 ℃的温度时,煤体发生的化学反应。

## 5.1.2 煤岩热变形和破裂精细化表征

1) 煤岩热损伤后微观形貌特征

煤岩热损伤微观变形破裂形貌特征主要运用扫描电镜(SEM)进行研究。需要说明的是,虽然第二章中已进行了煤受热升温过程的电磁辐射测试,但是煤体的受热是不均匀的,煤体经受的温度大小无法得到表征,因此,书中所有 SEM 图像的测试试样均为相同煤种的新试样,试样的大小均是 7 mm。通过分析煤岩热损伤后的微观形貌特征,为进一步分析煤受热变形破裂产生电磁辐射机制提供理论基础。经 300 ℃高温处理后煤岩断口形貌如图5-3所示。

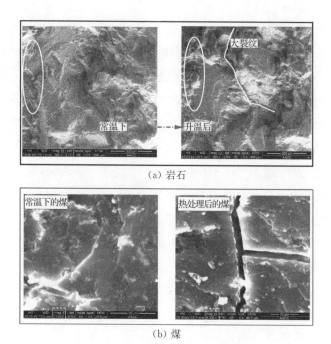

（a）岩石

（b）煤

**图 5 - 3　煤岩热损伤 SEM 断口形貌**

从图 5 - 3(a)中可以看出，岩石 SEM 图像的放大倍数为 300，常温下和升温后的 SEM 图像是从两个试样中得到的，虽然不是同一个位置上的图像，但是依然可以看出高温处理后有裂纹产生。虽然煤的放大倍数不同，但是高温处理后，即使煤的放大倍数较小，也能看到清晰的微裂纹产生。煤和岩石经高温处理后，出现明显的热破裂，有明显的裂纹产生。

常温(25 ℃)、50 ℃、100 ℃、200 ℃、300 ℃处理后煤体微观形貌特征如图 5 - 4 所示。

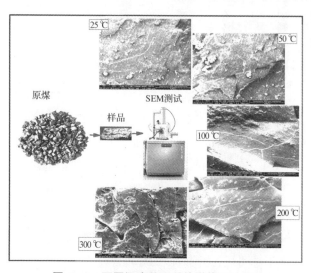

**图 5 - 4　不同温度处理后的煤体 SEM 图**

常温条件下，煤的断口表面比较平整，可看到煤体表面发育的裂隙。煤体内的裂隙分布较复杂，组成煤体结构的矿物颗粒不均匀地分布在煤体内部，煤的微小颗粒填充在大颗粒之间,并且起到一定的胶结作用。

经 50 ℃处理后,与常温(25 ℃)相比,煤体表面的微缺陷有一定的发育,但是不明显,煤体内部的微裂隙一般呈长条形;从煤体端口形态上可看到,胶结处的微裂隙有一定的发育。

经 100 ℃处理后,煤体表面出现新的微裂隙,温度使得煤体内部的水分蒸发,同时煤中的碳(C)、硫(S)以及有机质在温度作用下发生受热分解反应产生一定的气体并析出,煤体内部空隙产生一定的变化,微裂隙逐步发育。经 200 ℃处理后,煤体内部微裂隙进一步发育,并且产生清晰的微裂纹;在此温度下,煤体中的结合水进一步蒸发,煤中的矿物颗粒受热膨胀变形,当煤体内部不同组分热膨胀变形大于其内部组分胶结力时,煤体内部产生热破裂。经 300 ℃处理后,煤体进一步受热损伤,煤体内部微裂隙进一步发育扩展,微裂隙逐渐积累并产生微裂纹,从煤体断口表面处能够清晰地看到微裂纹的产生。

由煤的微观断面特征可知,煤受热升温后,内部已经出现了大量的孔隙变形、裂隙扩展及局部小的破坏带。经 300 ℃处理后,即使煤微观断面的放大倍数小于原煤试样,也能清晰地看到煤体受热后的裂隙。

2) 岩石热损伤裂纹定量分析

不同温度作用下,岩石破裂程度发生较大变化,根据文后参考文献[157]和[158]的研究,统计分析高温处理后岩石的微观破裂,结果如图 5-5 所示。

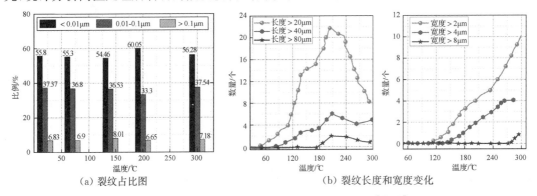

(a) 裂纹占比图  (b) 裂纹长度和宽度变化

**图 5-5 岩石热处理过程裂隙长度和宽度演化图[157-158]**

图 5-5(a)的测试结果是根据不同温度处理后压汞实验得到的孔隙特征参数,可以得出,随着温度的升高,裂纹小于 $0.01~\mu m$ 和裂纹在 $0.01\sim0.1~\mu m$ 区间的比重则呈现波动变化。图 5-5(b)是根据显微光度计扫描得到岩石热破裂的裂纹长度和宽度,由图可知,岩石在 $70\sim110$ ℃时,岩石的裂纹长度和宽度没有发生明显变化;随着温度的升高,岩石在 $140\sim200$ ℃时,裂纹的长度和宽度变化比较明显,不同尺度的裂缝数量均有明显增加;200 ℃之后,岩石的裂纹数量变化非常明显,达到阶段的峰值。

岩石经温度处理后发生热变形破裂已得到证实,但是受到岩石试样的非均质性以及实验条件的影响,岩石变形破裂尺度的统计分析值并不统一,基本上破裂尺寸在 $0\sim100~\mu m$ 范围内变化。

扫描电镜能够对煤岩热损伤微观形貌进行定性描述,但是对于定量表征煤岩热破裂尺度还存在一定局限性。目前通过工业CT扫描能够对煤岩实时热损伤过程中的裂隙演化进行描述。根据文献[159]的研究,统计煤在热解过程中裂纹尺度的变化,煤在热解时裂纹演化规律如表5-1所示。

表 5-1  工业 CT 分析煤体热损伤裂纹数量[159]

| 温度/℃ | 裂隙数量/条 | | | | | |
|---|---|---|---|---|---|---|
| | <50 $\mu m$ | 50~<100 $\mu m$ | 100~<200 $\mu m$ | 200~<400 $\mu m$ | 400~<800 $\mu m$ | ≥800 $\mu m$ |
| 20 | 1 | 18 | 13 | 17 | 4 | 6 |
| 100 | 3 | 19 | 47 | 24 | 12 | 11 |
| 200 | 11 | 35 | 62 | 47 | 14 | 12 |
| 300 | 109 | 158 | 131 | 67 | 23 | 13 |
| 400 | 123 | 166 | 136 | 68 | 23 | 14 |
| 500 | 131 | 178 | 138 | 70 | 24 | 14 |
| 600 | 135 | 189 | 141 | 71 | 24 | 15 |

由表5-1可知,温度升高之后,煤中裂隙的数量显著增加,100 ℃时大裂隙(≥800 $\mu m$)的裂隙较常温增加了5条,变化最为显著,在后期升温过程中并未出现如此显著变化。出现上述情况的原因是温度突然升高,煤体发生干裂,在此过程中煤体产生的裂隙比较大。大裂隙的产生促使煤体内部裂隙发育,煤中孔隙裂隙的连通性增加,400~<800 $\mu m$ 的裂隙在温度增高至300 ℃时变化最为显著。

对比上述研究结果与扫描电镜的断口裂隙特征发现,煤岩裂隙尺度的定量描述结果存在一定的差异,这与煤的种类和实验条件有一定的关系。虽然深入对比研究煤岩热损伤后SEM断口形貌裂隙数量和工业CT扫描裂纹数量还存在一定的条件限制,但是扫描电镜和工业显微CT扫描结果证实,温度对煤岩产生热损伤,煤岩内部的结构发生变化,煤岩裂隙不断发育,产生热破裂,温度越高煤岩破裂程度越大。

3) 岩石热损伤裂隙演化过程声发射表征

根据声发射变化特性能够进一步研究煤岩材料持续受热过程中的破裂演化过程。岩石持续受热过程中的声发射时序变化特征及裂纹表征如图5-6所示。

由图5-6可知,在岩石持续受热300 s的测试过程中,得到无约束条件下岩石持续受热能够产生显著的声发射信号。声发射信号的变化经历了无信号产生、出现声发射信号、声发射信号发生突变等,如图5-6(a)中线圈所示;声发射信号能够表征岩石持续受热过程中的初始裂纹起裂过程,如初始裂纹起裂声发射波形-幅值变化如图5-6(b)所示,初始裂纹起裂声发射波形发生明显变化,对应的声发射幅值也变化比较明显。文献[160]认为岩石在受载破坏时初始裂纹并不是直接扩展,而是岩石内部应力场达到新的应力平衡,裂纹就会进一步

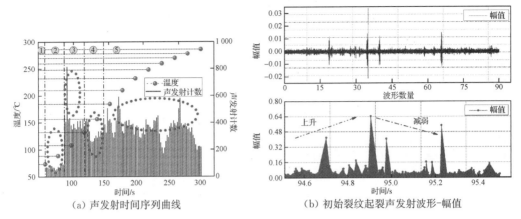

| (a) 声发射时间序列曲线 | (b) 初始裂纹起裂声发射波形-幅值 |

**图 5-6　声发射时间序列和裂纹起裂表征**

扩展。通过声发射表征岩石热破裂演化过程如图 5-7 所示。

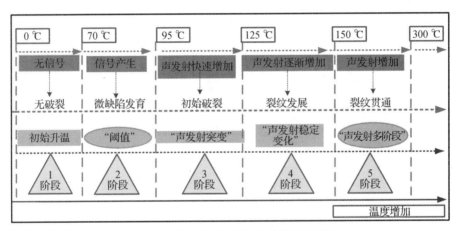

**图 5-7　声发射表征岩石热破裂演化过程**

图 5-7 表明,岩石热破裂具有如下 5 个阶段特征。阶段 1:初始加热阶段(0～70 ℃),声发射活动不明显,初始裂纹尚未形成,处于微缺陷发育阶段。岩石初始受热升温时,岩石内部成分和结构的变化不足以引起岩石的热变形和破裂。在此阶段,热应力逐渐增大,直至达到岩石微裂纹的门槛值。第 2 阶段:连续加热过程(70～95 ℃),当温度超过 70 ℃时,声发射信号出现,表明岩石微裂纹的阈值在 70 ℃左右。随着温度的增加,岩石中的微裂纹数量开始增加,裂纹的尺度相对较小。第 3 阶段:温度在 95～125 ℃之间,声发射信号迅速增加,表明岩石产生了较多微裂纹。微裂纹的萌生和起裂引起了声发射信号的突变性,声发射强度急剧增加。阶段 4:温度在 125～150 ℃之间,声发射增加速度下降;在 135 ℃左右,声发射计数呈稳定变化的趋势,此时岩石内部裂纹扩展速度趋于平稳。声发射计数变化趋势类似于岩石在加载条件下声发射信号减弱和趋于平稳的情况,此阶段称为裂纹扩展阶段[160]。第 5 阶段:在 150～300 ℃之间,声发射信号的变化呈现出多阶段波动特征,声发射信号的强度大于初始加热的声发射强度。当温度超过 150 ℃时,声发射信号的变化趋势表现为有多个

增强阶段。在较高温度下,矿物结构发生了进一步的变化,裂隙沿矿物颗粒的边界发展和贯通。

## 5.2 煤岩物性参数分析

煤岩变形破裂电磁辐射机理及应用研究与煤的电性特征密切相关,同时电磁场和电磁波理论也表明煤岩的电性参数(介电常数和电导率)是电磁辐射研究中的重要体现参数,并且煤岩的介电常数能够反映一定电磁辐射的传播规律。煤岩的内部结构差异性造成了其介电常数的显著变化,这也导致了电磁辐射的传播特性发生改变,电磁辐射在介质中的传播一般是逐渐衰减的。

(1) 岩石的电性特征

目前认为煤岩内部离子和电子的作用使得煤岩具有一定的导电性,煤岩内部含有的矿物成分是其能够导电的重要原因。煤岩的矿物成分不同,其导电特性也有差异。研究表明矿物的电阻率或者电导率使得煤岩导电性的差异非常明显,数值上能够相差几个量级。金属矿物和石墨等都是使煤岩导电的材质。

不同岩性的电阻率大小差异主要表现为:火成岩的电阻率比较大,其大小为 $10^2 \sim 10^6$ Ω·m,典型的岩石如花岗岩;其次是变质岩,其电阻率的大小为 $10^{1.5} \sim 10^6$ Ω·m,如我们常见的石英岩。砂岩和泥岩是地下工程研究的主要对象,其电阻率的大小范围一般为 $10^2 \sim 10^5$ Ω·m[161]。上述介绍的岩石电阻率值只是大小参考范围,由于岩石电阻率受到其成藏条件以及岩石成分的影响,因此即使同一岩性的岩石,在不同区域,岩石电阻率的差异也比较大。

目前岩石的电性质通常用介电常数来表征,同样受到岩石成分的影响,介电常数的大小存在不小的差异。通过 X 射线衍射(XRD)得到岩石的内部成分如图 5-8 所示。

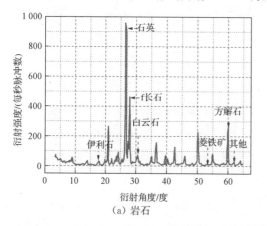

(a) 岩石

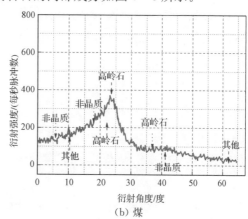

(b) 煤

**图 5-8 SHJ 煤岩试样的 XRD 图谱**

由图 5-8(b)可看出,岩石中的主要成分为非晶质、高岭石等,不同成分的煤岩材料的介电常数大小能够相差 1~2 倍。通过分析,岩石相对介电常数的大小变化为:一般最小的是岩浆岩,其相对介电常数为 5～10;其次是变质岩,较岩浆岩偏大一些,其相对介质常数为 5～17;最大的为沉积岩,其相对介质常数为 2～40[86]。

(2) 煤的电性特征

煤在外加电压条件下,能够在表面测试到电流,因此通常把煤称作一种半导体的材料。煤的空隙结构比岩石更加复杂,其放热电阻率和介电常数受到煤的变质程度、煤的成分以及煤的外部环境(温度、湿度等条件)的影响,因此煤的介电性质也因不同变质程度的煤的种类而呈现显著的差异。

煤的电阻率大小变化可横跨 $10^{-4}$ Ω·m 到 $10^4$ Ω·m 八个数量级。针对煤种组分的不同,镜煤的电阻率较小,其变化范围为 1～100 Ω·m;亮煤和暗煤的电阻率则非常大,其数量级能够达到 $10^4$ Ω·m。有研究表明煤的导电性随着煤的变质程度的增加而增大,变质程度越高,煤的导电性越大。

(3) 温度作用下煤岩电性质差异分析

实际上煤岩的介电常数与外加电场频率有一定的关系。理想条件下,煤岩材质的介电常数-频率特性关系式为:

$$\varepsilon' = \varepsilon_{+\infty} + (\varepsilon_S - \varepsilon_{+\infty})\int_0^{+\infty} \frac{F(\tau)\mathrm{d}\tau}{1+(\omega\tau)^2} \tag{5-1}$$

$$\varepsilon'' = (\varepsilon_S - \varepsilon_{+\infty})\int_0^{+\infty} \frac{F(\tau)\mathrm{d}\tau}{1+(\omega\tau)^2} \tag{5-2}$$

其中,$\varepsilon'$ 表示的是矿物岩石和水系统的介电常数,$F(\tau)$ 表示的是弛豫时间内的分布函数,且 $F(\tau)$ 满足 $\int_0^{+\infty} F(\tau)\mathrm{d}\tau = 1$,$\varepsilon_S$ 表示的是理想条件下的静态介电常数,$\varepsilon_{+\infty}$ 表示的是频率为高频的介电常数。

针对温度对煤电阻率变化的影响,参考文献[163]分析了煤在常温和温度处理后(120 ℃)的电阻率差异,研究得到煤在温度作用后的电阻率是增大的,并且褐煤和烟煤(长焰煤和肥煤)的电阻率较其他煤种电阻率增加得快。针对温度对煤的介电常数的影响,文献[164]在频率为 10 MHz 时,测试了煤从常温到 90 ℃时的介电常数,得到煤体的介电常数随着温度的增加出现先降后增的现象。文献[162]通过分析不同变质程度的煤的电性参数差异,得到不同变质程度的原煤和型煤电阻率变化规律基本一致,均随着温度升高而下降;无烟煤的变化规律强,烟煤的变化规律弱,无烟煤的介电常数随着温度升高而增加,鹤壁和淮南矿区的煤的介电常数随着温度升高而小幅减小。

通过分析得到温度对煤岩材料的电性质有一定影响,煤岩的电性质因外加电场的频率不同,其值也存在差异,这就说明实验所得的关于煤岩的电性质测试结论能够在一定程度上定性表征煤岩电性的差异。从上述分析结果中也可以看出,温度对煤的介电常数的影响存在较大的差异,在分析煤岩的电性质时,应该重视实验条件对测试结果的影响。

## 5.3 煤受热升温及燃烧产生电磁辐射机理

### 5.3.1 煤体变形破裂电磁辐射机理

对已有煤岩等脆性材料变形破裂电磁辐射的微观机理进行分析,可以得出电磁辐射的产生离不开电荷的分离和自由电子的运动。电荷的分离原因一般分为压电效应、摩擦效应和斯潘诺夫效应三种。

(1) 压电效应

煤岩体内部含有大量的石英晶体、高岭石($Al_4(OH)_8Si_4O_{10}$)和黄铁矿($FeS_2$)等成分,这些成分具有各向异性。由于煤岩体受到外部应力作用,晶体物质容易发生电极化,从而产生自由电荷,这称为煤岩体的压电效应。压电效应造成的结晶物带有一定数量的自由电荷,电荷的数量与结晶物质所受压应力大小有一定的关系,基本上呈正比变化。煤岩体内的石英晶体主要成分是 $SiO_2$,典型的石英晶体受到外部应力作用产生的压电效应示意图如图 5-9 所示。

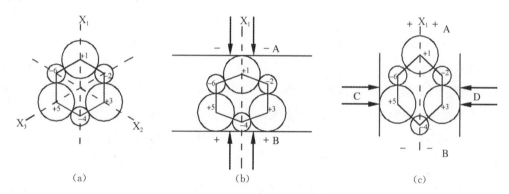

(a)                  (b)                  (c)

**图 5-9　压电效应示意图**[165]

压电效应演化过程为:当石英晶体没有受到机械或者自身等外力作用时,其内部的 Si 和 O 原子的排列如图 5-9(a)所示。此时 Si 和 O 电荷达到平衡,晶体不带电。当石英晶体受到外部压力时,Si 和 O 原子受到如图 5-9(b)和图 5-9(c)所示方向的压力,此时晶体内部的 Si 原子被挤到周边的 O 原子之间,造成受力面上的电荷平衡被打破,受力面上则会产生正电荷或者负电荷。垂向接触面受压引起的压电效应称为垂向压电效应,如图 5-9(b)所示;横向接触面受压引起的压电效应称为横向压电效应,如图 5-9(c)所示。实际过程中,煤岩体受到外部压力时,会产生不同方向的压电效应。当煤岩体受压或者受拉伸时,由于压电效应造成自由电荷积聚,进而产生电磁波。

(2) 摩擦效应

煤岩体内部的矿物颗粒主要由范德华力胶合连接起来,当煤岩体受到机械或者外力作用时,煤岩体内部的矿物颗粒之间发生摩擦滑移,在这过程中会在接触面上产生自由电荷,这种现象称为摩擦效应。摩擦效应还包括矿物颗粒摩擦滑移造成较弱的范德华力断裂,内部颗粒发生破裂;裂纹发育及破裂过程中,也会打破电荷平衡,从而产生自由电荷。煤岩体摩擦效应的示意图如图5-10所示。

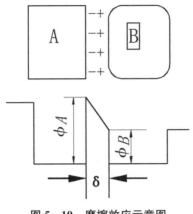

图5-10 摩擦效应示意图

如图5-10所示,矿物颗粒AB在外载荷作用下发生摩擦滑移,造成矿物颗粒之间出现偶电层,而偶电层在形成和消失的过程中会产生自由电荷。煤岩体内部颗粒的摩擦滑移,势必造成接触区域的温度升高,当温度升高到一定阶段,会促进颗粒内部的电子转移,这会增加自由电荷的产生。

煤岩在变形过程中,压电效应、摩擦作用、裂纹扩展过程、热电子发射、场致冷发射、碰撞孔隙气体电离及流动电势等产生了大量自由电荷[86]。煤岩体是由很多的晶体颗粒组成的,一方面煤岩体内部存在位错缺陷,容易产生自由电荷,这在上面已得到分析;另一方面在煤岩体变形破裂过程中,由于煤岩材料裂纹表面的非均匀变形,导致大量电磁辐射信号产生[166]。

当煤岩体受载外力的大小超过载荷内部的极限应力时,裂纹开始发育并扩展,此后裂纹表面的电子脱离束缚,成为自由电子,通过对煤岩加载过程中电偶极子的研究,电偶极子的变化过程如图5-11所示。

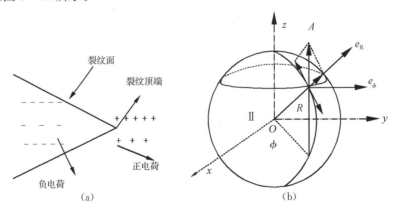

图5-11 电偶极子示意图及辐射图

瞬态电偶极子的产生是由裂纹的发育、扩展、融合、贯通等造成应力集中而引起的。当相邻煤岩单元发生变形破裂时，界面处的电荷平衡被破坏。自由电荷在扩张界面上积累，且在压缩界面上积累了相同数量的反电荷。煤岩中的连续应力变化产生了电偶极子和电磁波，后者向外产生辐射。

煤岩体受力产生非均匀变形，针对煤岩电磁辐射理论，假设煤岩体不含水并且具有各向同性，当煤岩受载变形破裂过程中带电粒子所带电量为 $q$ 时，带电粒子在不规则运动时产生的电场和磁场[92]分别为：

$$E=\frac{qr}{4\pi\varepsilon_0 r^3}+\frac{q}{4\pi\tau_0 c^2 r^3}r\times(r\times v)$$

$$B=\frac{qv\times r}{4\pi\varepsilon_0 c^3 r^3}+\frac{qv\times r}{4\pi\tau_0 c^2 r^3}$$

(5-3)

其中，$E$ 和 $B$ 分别表示电子运动所产生的电场和磁场，$E$ 和 $B$ 均表示电场和磁场矢量，$E$ 和 $B$ 的标量单位分别为 V/m，A/m；$q$ 为带电粒子所带电量，C；$v$ 表示带电粒子的速度矢量，单位为 m/s；$r$ 表示带电粒子距离中心点的距离，单位为 m；$\varepsilon_0$ 表示煤岩材料在真空中的介电常数，$\varepsilon_0$ 大小一般为 $8.85\times10^{-12}$ F/m；$c$ 为真空中电磁波传播速度，单位为 m/s。

进一步，电磁场可以由移动的电子在导体材料中自发的运动产生，受载煤体电磁辐射场的数学模型[167]为：

$$E=(1-(i^2v^2/c^2))\frac{qr}{4\pi\varepsilon_x[(1-(i^2v^2/c^2))r^2+(iv\cdot r/c)^2]^{3/2}}+\frac{i^2q}{4\pi\varepsilon c^2 r}q_1\frac{i\times[i-(iv/c)\times a]}{(1-(iv*i)/c)^3}$$

$$=E_1+E_2$$

$$B=(1-(i^2v^2/c^2))q_1\frac{qi^2a\times r}{4\pi\varepsilon_x c^2[(1-(i^2v^2/c^2))r^2+(iv\cdot r/c)^2]^{3/2}}+\frac{i^3q}{4\pi\varepsilon c^3 r}\frac{v\times[i-(iv/c)]}{(1-(i\cdot v)/c)^3}$$

$$=B_1+B_2$$

(5-4)

其中，$i$ 是煤岩介质的折射率大小；$\varepsilon_x$ 是介质的介电常数；$a$ 是带电离子的加速度，单位为 $m^2/s$；$\{E_1,B_1\}$ 与库仑电场和磁场有关，$\{E_2,B_2\}$ 与发射场和磁场有关。

由公式（5-4）可以看出，煤岩变形破裂电磁辐射的产生与自由电荷积聚和电子加速度改变有直接关系。煤岩体在变形破裂过程中电荷迁移和自由电荷的变速运动产生的电磁场包含两个部分：一个是电荷运动产生的库仑静电场，即为感应场；另一个是自由电子加速度发生改变产生的辐射场。辐射场的大小则和电子的加速度有关系，同时辐射场也与电荷之间的距离和电子密度有关系。因此煤岩体在受载变形破裂过程中，当煤岩体内部产生的带电粒子增多时，造成煤岩体内部的电磁辐射场增强，煤岩体内部自由电子运动加速度越大并且自由电子密度越大，煤岩体内部的电磁与辐射强度也会越高。进一步说明，煤岩体在变形破裂过程中，变形破裂程度越大，变形破裂越剧烈，煤岩内部电磁辐射则越强。

### 5.3.2 煤受热升温产生电磁辐射机制

由于不同矿物颗粒的热膨胀系数存在差异，温度升高时，各组分的膨胀变形相差较大，

热膨胀系数 $\alpha(T)$ 与温度 $T$ 的表达式[168]为：

$$\alpha(T)=aT^4+bT^3+cT^2+dT+e \qquad (5-5)$$

其中，$a$、$b$、$c$、$d$、$e$ 是拟合得到的常数。

煤岩内部颗粒间的膨胀变形产生了热应力，热膨胀应力 $\sigma$ 与温度 $T$ 的表达式[169]为：

$$\sigma=a\times10^{-5}T^2+bT+c \qquad (5-6)$$

其中，$a$、$b$、$c$ 表示与煤岩种类以及煤岩温度有关的参数。

式（5-6）表明升温过程中，煤岩的膨胀应力随温度的增加而增大，但以上分析的煤岩热膨胀应力是根据实验拟合得到的。实际上煤岩内部颗粒间的膨胀变形产生了热应力，热应力的大小与材料的非均质变形有关，根据热弹性力学分析可得到热应力 $\sigma_t$ 的表达式[168]为：

$$\sigma_t=(\alpha_1-\alpha_2)\Delta T\frac{E_1E_2}{(E_1+E_2)} \qquad (5-7)$$

其中，$\alpha_1$，$\alpha_2$ 为相邻颗粒的热膨胀系数，$\Delta T$ 为从常温加热到某一温度的温差；$E_1$，$E_2$ 为相邻颗粒的弹性模量。

在热应力作用下，煤岩内部的裂纹扩展，滑移裂纹模型可用来描述裂纹扩展的特性，其中单一裂纹扩展的临界应力 $\sigma_\alpha$[170]为：

$$\sigma_\alpha=\frac{2^{\frac{1}{4}}K_{IC}\sqrt{3\pi h_1}}{8\xi(\theta)l_0} \qquad (5-8)$$

其中，$K_{IC}$ 为煤岩承受断裂时的韧性常数，$h_1$ 为表面裂纹之间的距离，$l_0$ 为裂纹初始断裂的长度，$\theta$ 为裂纹与应力间的倾斜角。

煤岩受热会产生膨胀变形，在非均匀热膨胀变形过程中，煤岩产生大量自由电荷及自由电子，形成类电偶极子，自由电子积聚及电偶极子瞬变向外辐射电磁波。

具体来说：煤岩内部颗粒的热变形主要发生在相邻颗粒间的界面上，相邻颗粒间非均匀的膨胀变形导致胶结面的电平衡遭到破坏，煤岩内部产生了自由电荷，界面两端积累不同密度或电性的电荷。煤岩内部各矿物颗粒所发生的不均匀膨胀变形使得自由电荷由高浓度区向低浓度区运移和扩散，自由电荷在运动过程中向外产生电磁辐射。随着温度的升高，煤岩内部自由电荷逐渐积聚，形成静电场，产生电磁辐射。煤岩不断膨胀变形，内部接触界面两端电荷的电性相反，产生了电偶极子；在此期间电偶极子发生瞬变，向外辐射电磁波。

煤岩受热会产生热破裂，非均匀热破裂产生大量自由电子，自由电子能级改变发生变速运动，产生电磁辐射。

具体来说：煤岩的膨胀应力随温度的增加而增大，热应力的增大促使煤岩内部颗粒变形加剧，当温度增加到一定值时，矿物颗粒或胶结物界面断裂，产生微裂纹，微裂纹不断出现滑移和扩展。煤岩热破裂的细观研究表明[123]，热破裂时裂隙、孔隙的产生发展主要是由热应力作用于不均匀的矿物质而引起的。温度升高时，能够观察到极少数微裂纹，随着温度的升高，部分裂纹搭接形成较大裂纹。裂纹在形成及扩展的过程中，煤岩内部颗粒发生热破裂时,裂纹面的摩擦作用能够产生运动的带电粒子,温度越高,煤岩中的热量越集中,产生的自由电子越多。

温度继续升高,煤岩膨胀变形越大,煤岩内部热应力不断增大,热应力作用促使煤岩内部颗粒变形加剧,处于热膨胀变形和破裂过程中的煤岩内部的原子受到热应力的作用,其外层电子的轨道半径减小,对应的电子的能量增大。当煤岩发生热破裂时,煤岩内部颗粒间的相互压力会发生突变,压力降低促使大能量的电子挣脱原子的束缚,向外发射电磁波。根据压缩原子模型分析得到煤岩在受到压力作用时,其电子能量能够达到几十电子伏[96]。

当运动的带电粒子数量越多时,在裂纹尖端形成运动的偶极子群,偶极子群向外发射电磁波。煤岩内部运动的带电粒子与煤岩裂隙壁发生碰撞并减速,产生电磁辐射。

### 5.3.3 煤燃烧火焰带电离子链式反应产生电磁辐射机制

根据第二章的研究得到,煤在燃烧过程中也能够测试到明显的电磁辐射信号,电磁辐射信号的变化与煤受热升温过程中的电磁辐射信号变化存在一定差异。煤的燃烧是一系列的受热还原反应进程,燃烧火焰则是煤燃烧化学反应的外在表现,燃烧火焰作为高放热材料的燃烧产物,包含能量转换和分子反应的重要信息。煤燃烧火焰中的复杂的化学反应包含电荷交换以及带电离子的形成,燃烧化学反应和高温产生了大量带电离子,火焰反应区中的电离程度非常高[171-172]。

通过静电探针技术分析酒精灯和航空燃油等火焰电位的空间变化特征,如图 5-12 所示。

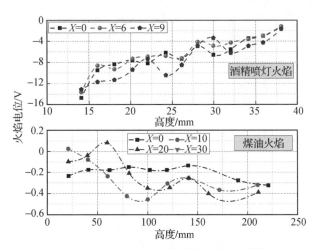

**图 5-12 不同距离下的火焰电位分布**[173]

由图 5-12 可得,火焰内部的电荷密度和电性与火焰外部有差别,火焰中心阴离子和阳离子积聚则分别会出现不同电性的电位值。当火焰中心出现负电位时,火焰内部温度较外部火焰温度低,自由电子的运动速度比外部火焰处电子的运动速度低,使得产生的自由电子被中性粒子吸附。而火焰外部出现正电位的原因是外部火焰与氧气接触比较多,由于自由电子的质量远低于阳离子的质量,使得自由电子的运动加速度大于阳离子的运动加速度,造成自由电子放散,阳离子大量积聚使得该区域的电位为正[173-174]。

燃烧火焰中电位发生变化,一方面由于带电离子和自由电子的非均匀变速运动打破了火焰内部电场,从而形成感应电磁场,辐射电磁波;另一方面由于火焰温度不同,激发自由电子的变速运动速度不同,不同自由电子发生碰撞并积聚,也会造成电磁场的变化,产生电磁辐射。

需要说明的是,上述分析的酒精灯和煤油燃烧火焰电位值能够对煤燃烧火焰的定量表征起指导作用,同时也证实了火焰带电离子的存在;但由于煤的成分不同,使得燃烧火焰的电位定量计算还存在差异。

煤的燃烧火焰中,触发电离的条件是需要一定的能量,这种激发的能量称为活化能。煤燃烧过程中,激发电离的主要活化能形式是热能,但是活化能的类型还包括机械能、热能、光能等。因此,电子的产生需要满足活化能及反应过程中能量的变化(反应焓)大于材料的电离能。

煤燃烧火焰中带电离子的产生如图 5-13 所示。

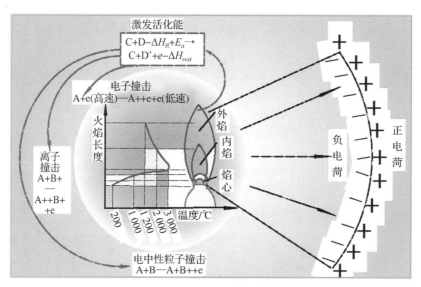

**图 5-13　火焰产生带电离子示意图**

由图 5-13 可得,煤燃烧火焰区域中由于受到激发活化能的作用,火焰内的燃烧物质受热分解、化学电离产生不同电性的离子(阳离子和阴离子)和自由电子。火焰的内部阴离子积聚,带有大量负电荷,火焰的外部阳离子积聚并带有正电荷,不同电性的带电离子积聚引发周边形成感应电磁场,产生电磁辐射。

温度越高,自由电子浓度越大,自由电子的积聚使得周围产生静电场,向外辐射电磁信号。进一步,伴随着煤体火焰中带电离子的链式反应进程,带电离子的不断产生和消失使得煤体火焰向外辐射大量自由电子,自由电子在产生和消失的过程中,也能够产生电磁辐射。

### 5.3.4 其他产生电磁辐射机制的探讨

煤岩材料中含有过氧化物,过氧化物通过过氧化键连接,温度作用下石英晶体内部正常的 $O_3Si$—$O$—$SiO_3$ 键被 $O_3Si$—$OO$—$SiO_3$ 键替代,出现电子缺陷;受到热变形和热应力的作用,过氧化键断裂[175-179]。煤受热升温,煤体温度逐渐升高,煤体内部颗粒发生热变形和破裂,温度越高变形破裂越严重。热变形和破裂导致煤岩体内部颗粒携带的自由电子移动速度加快,自由电子积聚并逐渐移动到颗粒物表面,产生电磁辐射。

高温环境下,煤岩内部运动的自由电子加速度增大,动能增加,产生的电磁辐射也增强。温度降低时,煤岩内部颗粒变形破裂速度减慢,带电粒子动能减少,电磁辐射也减弱。

煤岩体内氧半导体化合物的过氧化键在受热升温过程中发生断裂,自由电子的集聚和运移产生电磁辐射。根据煤自燃自由基理论得到,煤自燃过程是煤和氧气之间产生的复杂的化学反应,反应过程中产生多种自由基[23,180-182]。煤自燃自由基夺取价电子的反应过程中,大量的自由电荷产生和消失,自由电荷的运移打破了煤岩内部材料的电场平衡,产生电磁辐射。煤自燃自由基链式反应过程中,煤裂隙表面的带电离子自由基形成大量的电偶极子,随着反应的进行,各种电偶极子不断产生与消失,造成煤在自燃过程中自由电子迁移和晶格振动,产生电磁辐射。

## 5.4 煤受热升温热电耦合模型

### 5.4.1 煤岩受热升温热变形及热应力分析

煤岩受热发生膨胀变形并产生热应力,衡量膨胀变形量的指标是热膨胀系数,有效计算煤岩热膨胀系数和热应力的大小对于定量描述煤岩受热升温电磁辐射与温度的耦合关系具有指导意义。目前对煤岩的热膨胀系数和热应力的研究多集中在实验室实验拟合,见5.3节论述。

进一步,参考文献[183]论述了通过实验就温度对砂岩的热膨胀系数的影响进行计算,计算公式是:

$$a_1 = \frac{l_t - l_1}{l_0 \Delta t} \tag{5-9}$$

其中,$a_1$ 为煤岩的热膨胀系数;$l_t$ 为试样经温度处理后的高度;$l_1$ 为试样常温时的初始高度;$\Delta t$ 为温度增量。

砂岩膨胀系数先平缓增加,随后呈线性增长,最后趋于平缓。通过拟合分析得到热膨胀系数随时间变化呈反曲线关系,表达式为[183]:

$$Y = A_2 + (A_1 - A_2) / \left(1 + e^{\frac{x - x_0}{dx}}\right) \tag{5-10}$$

其中,$A_1$、$A_2$ 为常数,$x$ 是热膨胀后试件长度,$x_0$ 是原始长度,$dx$ 是对长度的微分。

秦本东等利用温度作用下单向约束装置测试了石灰岩和砂岩的热膨胀系数,得到石灰岩和砂岩的膨胀系数随着温度升高逐渐增大,呈多段线性关系,整体上呈二次抛物线变化;膨胀应力和加热温度呈线性关系,热膨胀应力可分为加热升温、恒温膨胀应力增大、膨胀应力三个过程[169]。

对高温作用下煤的变形特性研究的较少,现有的研究大多集中在煤的构造变形产气方面,文献[184]分析了不同煤阶的煤在高温高压下的变形特性,得到气体的存在降低了煤体的力学强度。煤在温度作用下力学和电磁特性已在上一章中阐述,本书的研究结果与温度作用下煤的力学强度的实验室测试基本一致,分析的是煤岩在温度处理后的变形破裂和电磁特性。

通过以上分析发现,煤岩在温度作用下的膨胀变形和热应力的计算大都是以实验为基础,对数据进行拟合得到热应力的关系式。实际上,煤岩材料的差异性,造成实验结果只能定性地描述特定试样的热膨胀特性,这也对定量分析温度与热应力的关系带来一定的困难。

基于以上分析,在进行热应力定量表征时,本书认为煤岩在受热升温过程中,温度对煤岩的热损伤是循环持续的,煤岩内部颗粒持续受到循环热应力荷载的震荡冲击,将会发生持续变形破裂。在分析煤岩受热变形和破裂过程中,煤岩的细观力学行为可以结合线弹性断裂力学、损伤力学和热力学进行分析[185],煤岩由于受到循环热应力作用而产生的应力和应变状态可以通过内部变形和不规则的断裂进行描述。在循环热应力作用下,经一定程度热损伤累积的煤岩的变形量能够得到计算。

随着温度的升高,煤岩内的孔隙结构发育,温度对煤岩孔隙的影响主要体现在温度造成煤岩的基质孔隙度增加、煤岩内部颗粒结构断裂[186]。孔隙度变化可以作为裂纹大小指标来分析含裂隙煤岩的热力学行为。在这里,我们进行如下计算:

(1)煤岩体在常温和温度处理后的质量分别用 $M_n$ 和 $M_t$ 来表示,温度处理后,煤岩体质量的变化量为 $\Delta M = (M_n - M_t)/M_n$;

(2)煤岩体的体积为 $V_1$;

(3)煤岩体在干燥条件下的质量为 $M_d$;

(4)煤岩体的密度为 $\rho_1 = M_d/V_1$;

(5)常温条件下煤岩体的密度为 $\rho_2$;

(6)煤岩体的总孔隙度为 $n_1 = 1 - \rho_1/\rho_2$;

(7)利用上述步骤测定不同温度作用后煤岩体的总孔隙度为 $n_h(t)$;

(8)常温和经不同温度处理后的煤岩体的总孔隙度的大小为 $n(t) = n_h(t) - n_1$,$n(t)$ 的大小表征煤岩体经不同温度处理后孔隙度的增加量。

煤岩体受到载荷作用发生变形,轴向应变的计算式为:

$$\varepsilon = \frac{\Delta l}{l} \qquad (5-11)$$

其中,$\Delta l$ 表示煤岩体轴向延伸量,根据 EN1936 规定,煤岩体的空隙体积由两部分组成,分别是单纯的体积增量(约等于 $3\varepsilon$)和由于质量减少造成的空隙体积(等于 $\Delta M/\rho$)变化。根据上面计算得到,煤岩体经高温处理后,空隙体积的增加百分比计算式为:

$$A = (3 \times \varepsilon + \Delta M/\rho) \times 100 \tag{5-12}$$

根据上式计算得到煤在经 50 ℃、100 ℃、200 ℃、300 ℃ 处理后以及岩石经 200 ℃、400 ℃、600 ℃、800 ℃ 处理后的空隙体积增加百分比如图 5-14 所示.

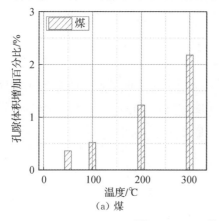

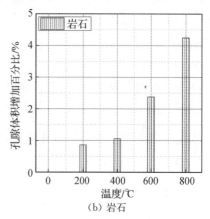

(a) 煤          (b) 岩石

**图 5-14 BL 煤岩空隙体积增加百分比**

由图 5-14 可知,煤岩体总孔隙度的增加量总体上比较小,煤和岩石的孔隙度差异较大。造成上述结果的原因一方面是在测试过程中煤岩试样本身具有非均质性和结构差异性,岩石一般经受的温度比较高,大都研究常温(25 ℃)~1 200 ℃,而煤在 400 ℃ 以内则发生不同程度的热解;另一方面是常温和温度处理后的煤样的测试精度受到限制。

煤岩体受热升温时质量和密度的变化,导致煤岩体受热升温后波速也发生变化。根据上一节分析,岩石经高温处理后,波速变化具有阶段特征。波速的变化特征能够定性地反映高温对煤岩体产生的热损伤,并且温度越高,煤岩体热损伤程度越严重。高温处理后,煤岩体发生的热损伤过程是不可逆的。

假定煤岩样品为理想的弹性各向同性固体,其长度远大于直径,弹性模量的大小可以根据煤岩体的横波速度 $v_s$ 和纵波速度 $v_p$ 计算[187]。基于弹性力学理论,煤岩体的力学参数与波速的关系如下式:

$$E = \rho v_p^2 \frac{(1+\mu)(1-2\mu)}{1-\mu}$$

$$\mu = \frac{(v_p/v_s)^2 - 2}{2[(v_p/v_s)^2 - 1]} \tag{5-13}$$

其中,$\rho$ 表示密度,$v_p$ 表示纵波传播速度,单位为 m/s;$v_s$ 表示横波传播速度,单位为 m/s;$\mu$ 表示材料的泊松比。

根据式(5-13)可得出煤岩材料在经高温处理后的弹性模量大小。

目前煤岩热力耦合模型通常将煤岩体假定为弹性元件、粘性元件、塑性元件,或者上述三种元件的组合体。

热弹性元件可用弹簧来表示,热应力在一维情况下的本构方程为:

$$\sigma = E(T)\varepsilon - E(T)\alpha(T)\Delta T \tag{5-14}$$

其中,$\sigma$ 为热应力作用荷载,$E(T)$ 为材料在温度 $T$ 时的弹性模量,$\alpha(T)$ 为材料在温度 $T$ 时的热膨胀系数。

假设煤岩体是一个长为 $L$,厚为 $h$ 的平板弹性元件,在给定的初始条件和边界条件下进行一维导热分析,煤岩体热传导特性可以通过傅里叶定律进行描述,其公式为:

$$\frac{\partial \Delta T(x,t)}{\partial t} = \lambda \frac{\partial^2 \Delta T(x,t)}{\partial x^2} \tag{5-15}$$

其中,$\Delta T(x,t)$ 是温度(相对于参考值的变化)关于时间 $t$ 和空间 $x$ 的函数,$\lambda$ 是导热系数。煤岩体受热升温时,假设煤岩材料是均质的弹性材料,因此在计算热应力时,可将煤岩体单元等价于梁结构体,从而建立煤岩升温热应力板状模型,如图 5-15 所示。

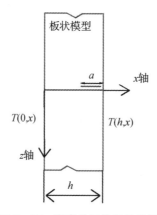

**图 5-15 煤岩单元体梁结构图**

煤岩体的热膨胀是非均匀的,因此热膨胀系数是关于坐标 $x$ 的函数,热膨胀的非均质性与煤岩体内部颗粒的各向异性有关。假设煤岩体内部颗粒的热膨胀是正交各向异性的,热膨胀系数沿 $z$ 轴的大小可表示为[188]:

$$\alpha(x) = \alpha_1 \cos^4 \beta(x) + \alpha_2 \sin^4 \beta(x) \tag{5-16}$$

其中 $\alpha_1$、$\alpha_2$、$\beta$ 表示热膨胀系数。

弹性元件煤岩体颗粒材料的热膨胀系数是不均匀的,在煤岩单元体梁结构图中,沿梁的高度方向为线性纵向应变,没有其他方向的应变分量,热应力在二维情形下的关系式[188,189]为:

$$\begin{Bmatrix} \sigma_x \\ \sigma_z \\ \tau_{xz} \end{Bmatrix} = \begin{vmatrix} c_{11} & c_{13} & 0 \\ c_{13} & c_{11} & 0 \\ 0 & 0 & G \end{vmatrix} \begin{Bmatrix} \varepsilon_x \\ \varepsilon_z \\ 2\varepsilon_{xz} \end{Bmatrix} - \begin{Bmatrix} \xi \\ \xi \\ 0 \end{Bmatrix} T \tag{5-17}$$

$$c_{11} = \frac{(1-v)E}{(1-2v)(1+v)}, \quad c_{13} = \frac{vE}{(1-2v)(1+v)}, \quad \xi = \frac{\alpha E}{(1-2v)}$$

其中,$G$ 是剪切模量,$\sigma$ 是正常应力,$\tau$ 是剪切应力,$c_{11}$、$c_{13}$ 是弹性参数,$T$ 是温度,$v$ 是波速,$E$ 是弹性模量,热应力作用下的温度系数 $\xi$ 与弹性模量和泊松比以及膨胀系数 $\alpha$ 有关。

根据式(5 - 17)得到沿 $z$ 轴方向的热应力大小为:

$$\sigma_z(x,t) = \frac{(1-v)E}{(1-2v)(1+v)}\varepsilon_z(x,t) - \frac{\alpha_z(x)E}{(1-2v)}\Delta T(x,t) \tag{5 - 18}$$

### 5.4.2　煤受热升温的热-电耦合模型建立

煤岩体受热胀裂会引起损伤,损伤参量可表征煤岩在受热升温时的损伤程度。煤岩体的非均质性导致煤岩内部各组分单元体的强度也不同。假设煤岩内部颗粒各单元体的强度服从威布尔(Weibull)分布[190],采用 $\varphi(\varepsilon)$ 表示材料在热应力荷载过程中体积单元损伤率的一种量度,即:

$$\varphi(\varepsilon) = \frac{m}{\varepsilon_i}\left[\frac{\varepsilon}{\varepsilon_i}\right]^{m-1}\exp\left[-\left[\frac{\varepsilon}{\varepsilon_i}\right]^m\right] \tag{5 - 19}$$

其中,$m$ 为煤岩均质程度的均质系数,$\varepsilon_i$ 为初始单元参数,$\varepsilon$ 为符合分布参数的应变,且 $\varepsilon$ 与煤岩各组分的温度、弹性模量、热膨胀系数、热传导系数、粘滞系数有关。

煤岩体的初始损伤及热应变均为 0,因此损伤参量 $D(\varepsilon)$ 与煤岩体内部颗粒变形破裂的概率密度之间存在如下关系[86]:

$$\frac{\mathrm{d}D(\varepsilon)}{\mathrm{d}\varepsilon} = \varphi(\varepsilon) \tag{5 - 20}$$

$$D(\varepsilon) = \int_0^\varepsilon \varphi(x)\mathrm{d}x = \frac{m}{\varepsilon_i^m}\int_0^\varepsilon x^{m-1}\exp\left[-\left[\frac{x}{\varepsilon_0}\right]^m\right]\mathrm{d}x \tag{5 - 21}$$

即:

$$D(\varepsilon) = 1 - \exp\left[-\left[\frac{\varepsilon}{\varepsilon_i}\right]^m\right] \tag{5 - 22}$$

煤岩体受热升温过程中,假定电磁辐射脉冲数为 $\Delta N$,煤岩体受热损伤的面积为 $\Delta S$,并且 $\Delta N$ 与 $\Delta S$ 成比例增加。因此在单位体积的煤岩体热损伤过程中,电磁辐射的脉冲数可由下式得到:$\Delta N = a\Delta S$,其中 $a$ 为比例系数。

定义煤岩体热损伤过程中损伤截面的面积为 $S_a$,截面受到热破坏产生的电磁辐射脉冲数累计为 $N_a$,则 $\Delta N = N_a/S_a$。

根据煤岩变形破裂力电耦合模型[191],当一个单元体的应变增加量为 $\Delta\varepsilon$ 时,由应变增量引起的煤岩体破坏截面增加量 $\Delta S$ 大小为:$\Delta S = S_a\varphi(\varepsilon)\Delta\varepsilon$;对应的电磁辐射在应变 $\Delta\varepsilon$ 条件下所产生的脉冲数为:$\Delta N = N_a\varphi(\varepsilon)\Delta\varepsilon$;电磁辐射累计脉冲数为:

$$\sum N = N_a\int_0^\varepsilon \varphi(x)\mathrm{d}x \tag{5 - 23}$$

由式(5 - 19)得到,煤岩体受热损伤过程中 $\varphi(\varepsilon)$ 服从威布尔分布,即:

$$\frac{\sum N}{N_a} = \int_0^\varepsilon \varphi(x)\mathrm{d}x = 1 - \exp\left[-\left[\frac{\varepsilon}{\varepsilon_0}\right]^m\right] \tag{5-24}$$

根据以上分析得到损伤参量 $D(\varepsilon)$ 与电磁辐射脉冲数累积量的关系为:

$$D(\varepsilon) = \frac{\sum N}{N_m} \tag{5-25}$$

其中,$N_m$ 表示煤岩体全破坏电磁辐射累计脉冲数。

煤岩体在受热升温时,内部颗粒产生热变形,受热达到一定程度后,热应力造成热破裂,因此煤岩体在升温热破裂过程中,一定温度 $T$ 对应于一定变形 $\varepsilon$,温度对煤岩体造成的热损伤 $D(T)$ 为煤岩体的损伤参量 $D(\varepsilon)$。

由以上分析可得,煤岩体受热升温时,损伤参量 $D(T)$ 与温度为 $T$ 时的电磁辐射脉冲数累积量 $\sum N_T$ 的关系为:

$$D(T) = D(\varepsilon) = \frac{\sum N_T}{N_m} \tag{5-26}$$

温度作用后煤岩体的弹性模量和温度呈一定关系[192-194],基本上是随着温度的升高,弹性模量减小。煤岩体受热升温过程的热损伤参量 $D(T)$ 大小为:

$$D(T) = 1 - \frac{E_T}{E_0} \tag{5-27}$$

其中,$E_T$ 为温度为 $T$ 时的弹性模量值,$E_0$ 为温度为 20 ℃ 的弹性模量值。

对第四章中的煤岩体热损伤后的弹性模量进行分析计算,得到煤岩体热损伤参量 $D(T)$ 大小如图 5-16 所示。

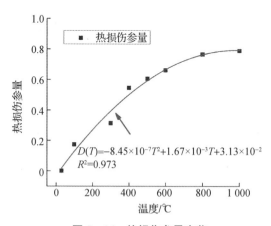

图 5-16 热损伤参量变化

由图 5-16 可知,煤岩体热损伤参量大小与温度的关系式可表示为:

$$D(T) = a_1 T^2 + a_2 T + a_3 \tag{5-28}$$

其中,$a_1$、$a_2$、$a_3$ 为煤岩体材料的参数。

式(5-26)、式(5-27)和式(5-28)即构成煤受热升温热电耦合模型。根据煤受热升温热电耦合模型,煤受热升温电磁辐射与温度的关系式为:

$$N_T = aT^3 + a_1 T^2 + a_2 T + a_3 \qquad (5-29)$$

为验证模型的准确性,对煤受热升温电磁辐射信号的时间序列进行分析,分析结果如图5-17所示。

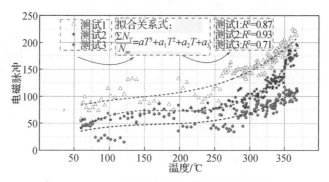

图 5-17 煤受热升温电磁辐射拟合曲线

图5-17表示的是煤受热升温过程中电磁辐射信号与温度的变化,通过3组电磁辐射信号的拟合结果得出,煤受热升温电磁辐射脉冲数与温度呈三项式变化,3组测试的平均相关性系数为0.837,具有较高的相关性。

## 5.5 本章小结

(1)精细化表征了煤岩体受热损伤裂隙演化过程。采用扫描电镜分析煤岩体热损伤后的微观形貌,煤岩体在温度的作用下会发生明显的热破裂,温度越高,煤岩体断口微裂隙发育扩展越显著。结合煤体热破裂工业CT测试的研究,对比分析了煤体热破裂微观测试结果。通过声发射技术协同表征岩石持续受热条件下裂隙演化过程,得到岩石持续受热时声发射时间序列的阶段性特征,对应得出岩石裂隙演化分为微缺陷发育、达到微裂隙阈值产生初始裂纹、初始裂纹发育以及裂纹扩展贯通等阶段。

(2)基于煤自燃和热解过程,分析了煤自燃升温的反应过程。分析了煤岩体电性参数的变化特性,煤岩体的导电性是由内部的离子和电子的作用引起的;温度作用下煤岩体的介电常数和电阻率发生变化,但煤岩体的电性质因外加电场的频率不同,其值也存在差异。煤岩体的内部结构差异性造成了其介电常数的显著变化,导致电磁辐射的传播特性发生改变。

(3)揭示了煤受热升温及燃烧过程产生电磁辐射的机制。一方面,煤体受热升温热致变形破裂产生自由电荷,对偶极子瞬变以及热电子跃迁引起自由电子变速运动,进而产生电磁辐射;另一方面,煤燃烧火焰产生带电离子,带电离子产生和消失的链式反应过程产生电磁辐射,除此之外,煤在受热升温过程中,电磁辐射的产生与煤体内部过氧化合物的过氧热键断裂引发的自由电子运移,以及煤自燃自由基的连锁反应进程中带电离子的自由基连锁反应有关系。

(4)分析了煤岩体热膨胀系数和热应力的变化特性。煤岩体材料的热膨胀系数多通过变形量来计算,并通过拟合得出热膨胀系数与温度的多阶段变化规律。根据煤岩体热损伤变形特性,定量计算了煤岩体热损伤后空隙体积的变化,煤岩体总孔隙度的增加量总体上比较小,煤和岩石的孔隙度差异较大。将煤岩体简化为弹性元件,结合梁理论计算得到煤岩体在温度作用下的热应力关系式。

(5)建立了煤受热升温热电耦合模型。温度作用后,煤岩体的弹性模量发生变化,基本上是随着温度的升高,弹性模量减小。运用弹性模量变化来表征煤岩体受热升温过程中的损伤程度,根据损伤力学和热力学理论,结合煤岩力电耦合模型,基于煤岩内部单元体服从威布尔分布的假设,建立了煤受热升温热电耦合模型。根据实验测试所得的 3 组煤受热升温电磁辐射时序信号,进行了模型验证。

# 6 煤田火区电磁辐射探测方法及现场应用

本章主要对煤田火区产生和发展过程中的温度场、裂隙场、渗流场和化学场进行研究。提出煤田火灾电磁辐射探测新方法,选择有代表性的大泉湖火区进行煤田火灾电磁辐射现场探测,分析电磁辐射信号变化特征;根据电磁辐射测试结果,利用电磁辐射进行高温异常区域的反演;实现煤田火区高温异常区域的定向定位,并根据现场钻孔温度进行验证。

## 6.1 煤田火灾多场耦合演化过程

煤田火灾发生需要满足以下几个条件:煤与氧气复合发生一系列物理化学反应,煤体受热,温度逐渐升高。煤氧复合反应放出热量,煤体内部颗粒产生单元温度场,内部颗粒发生膨胀变形;热应力的作用促使煤体发生变形破裂,煤体内部又包含变形场和裂隙场的发展演化过程。温度场和裂隙场的变化促使煤体内部气体流动速度加快,煤的氧反应加剧。随着热量的积聚,煤的温度到达煤自燃的着火点,煤发生燃烧;如果有足够的氧气参与,煤燃烧范围将进一步扩大,逐渐沿着煤层的走向往深部扩展。

煤在燃烧过程中,上覆岩层受到高温的烘烤发生热破裂,随着煤的烧失,在岩层重力作用下发生失稳破裂最终形成燃空塌陷区;岩层发生破裂形成了持续的漏风通道,地表的氧气不断渗透到地下,促进了煤的燃烧,形成了一个煤燃烧的热力循环过程。

煤田火灾涉及的力学作用过程主要有[145,195]:①煤是一种双重孔隙介质,煤体的宏微观热损伤也在其内部发生;煤燃烧形成的温度场和裂隙场的演化具有时空变异性。②煤燃烧造成上覆煤岩体裂隙增大,地表空气压力与煤岩层以及燃烧中心产生非稳态压力梯度,气体渗流场发生变化。③煤田火灾发生过程中,气固热之间发生转化和质变。煤田火灾的发展涉及煤岩体温度场、裂隙场、渗流场、化学场等多场耦合动态演化过程,如下所述[145,195]:

热-固耦合:煤在受热自燃过程中,煤体温度升高,煤体内部颗粒发生非均匀的膨胀变形,产生热应力;当热应力大于煤体内部颗粒抗变形极限强度时,煤体发生热破裂。煤体可视为非均匀的双重空隙介质,对应的热膨胀系数存在明显差异,其内部裂隙场的演化过程也存在差异,这就构成了煤自燃的热固耦合问题。煤自燃热固耦合模型的建立涉及温度场的热传导及热辐射,固体材料的热弹性和损伤断裂力学等理论。

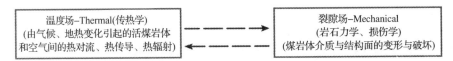

热-流耦合:煤自燃升温后,由于热力作用产生热风压,使得周围空气的压力梯度发生变化,空气压力梯度的产生使得周围气体与外界及大气发生对流等。热流问题的定量表征是煤自燃高温区域温度梯与外界中的气体之间的耦合问题。

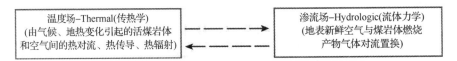

煤自燃过程的发生并不只是单纯的热固耦合以及热流耦合,煤自燃的热-流-固耦合作用是相互的。由于温度场的变化造成煤岩体裂隙场的改变,从而影响煤岩体内部与外界气体之间的渗流场,因此煤岩体之间的热传导以及热力作用,气体之间的对流以及裂隙之间的渗流等构成了煤自燃的热-流-固耦合问题。

进一步,煤自燃升温过程中,煤与氧气发生一系列的化学反应,放出气体,煤自燃过程中涉及化学反应及气体产生的一系列过程,并且随着煤体温度的升高,煤体出现干馏等热解过程,出现了煤自燃的热流固化耦合过程。

## 6.2 煤田火区电磁辐射探测方法

煤田火区电磁辐射探测方法,需要考虑现场电磁辐射测试天线的频率选择,解决电磁辐射探测距离及信号接收能力等方面的问题。通过电磁辐射探测装置进行探测,探测完毕后如何利用电磁辐射定向定位煤田火区高温异常区域?这涉及电磁辐射数据的分析及反演。煤田火区电磁辐射探测方法中优势频谱选择和电磁辐射反演高温异常区域的解决方法如下所述。

### 6.2.1 煤田火区电磁辐射现场探测优势频谱选择

1) 煤岩受载破坏电磁辐射频谱特性

分析煤岩受载变形至破坏过程中的电磁辐射时-频特性,得到电磁辐射频带涵盖的范围非常宽,其中岩石受载破坏所产生电磁辐射的频谱范围可从低频电磁辐射达到可见光[92,196]。岩石产生的电磁辐射频率特性与其尺度大小和初始裂纹大小及发展过程有关[197-198]。受载过程中岩石的电磁辐射频率特性与其内在成分有关系,岩石中铁和铜的矿物含量大有利于高频(>1 MHz)和低频(0.1~100 kHz)信号的产生;岩石中的石英和长石含量有利于电磁辐射中高频信号的产生[199]。

煤与岩石的结构和强度有一定的差异,煤在受载破坏过程中,电磁辐射的主频带随着受力的增加而逐渐变大,煤在受载过程中电磁辐射频谱带宽能达到 1 kHz~6.9 MHz[167]。电磁辐射强度与煤受载破坏过程中带电离子的浓度和运动速度呈正比,在受载后期,带电离子的浓度和运动速度都增加,电磁辐射的强度较高,频谱也较宽。

通常在实验室测试时,电磁辐射天线距离试样不大于 1 m,此时测试点距离场源可认为是近区场,可应用电偶极子模型[200-201]得到电磁辐射的大小为:

$$E_r = \frac{2Il\cos\theta}{4\pi\omega\varepsilon_r ir^3}e^{-ikr}$$

$$E_\theta = \frac{Il\sin\theta}{4\pi\omega\varepsilon_r ir^3}e^{-ikr}$$

$$H_\varphi = \frac{Il\sin\theta}{4\pi\omega\varepsilon_r ir^3}e^{-ikr} \qquad (6-1)$$

$$E_\varphi = H_r = H_\theta = 0$$

其中,$E_r$ 和 $E_\theta$ 分别表示电场强度在 $r$、$\theta$ 方向产生了分量,$H_\varphi$ 表示磁场强度 $B$ 只在 $\varphi$ 方向产生了分量,$I$ 表示电偶极子电流,$l$ 表示电荷之间的距离,$r$ 表示场与源之间的距离,$\omega$ 表示角速度,$\varepsilon_r$ 表示介电常数,$k$ 表示常数。由上一章节的分析得到电磁辐射主要由感应场和辐射场组成,不管距离如何,都会产生感应场和辐射场。

在实验室测试时,由于距离的关系,电磁辐射的强度主要是感应场的强度,而辐射场强度比较小;现场测试时,电磁辐射则既含有感应场又含有辐射场,这也是实验室测试电磁辐射效应和现场测试的差别。

根据第 3 章和第 4 章中的煤在受热升温和燃烧过程中的电磁辐射频谱分析,电磁辐射在 1~150 kHz 和 300~800 kHz 频段内都有显著响应。实验室测得煤在受热升温时变形破裂产生的低频电磁信号,主要以对偶极子运动产生的感应场为主。在实验室测试时,天线与煤体的距离比较近,虽然其辐射场的强度也比较大,但是相对感应场强度还是比较小的。

现场电磁辐射频谱测试表明,当煤体承载较大的外部载荷时,内部有较大尺度的裂纹产生、扩展,其主频带频率较低;而当煤体承载较小的外部载荷且相对稳定时,内部破坏较少,裂纹尺寸较小,相应的信号主频带较高[202]。

2) 优势频率选择

根据电磁波传播理论,电磁波在介质中的传播速度[203]为:

$$v = \frac{\omega}{a} = c/n_x \qquad (6-2)$$

介电常数在真空时大小为 $\varepsilon_0 = 8.85 \times 10^{-12}$ F/m[86]。成岩矿物的介电常数 $\varepsilon_r$ 值相对较小,介于 1~15 之间[124]。岩石的相对磁导率一般等于 1。磁导率的大小不随实验频率的变化而改变[203],即 $\mu_m = \mu_0 = 4\pi \times 10^{-7}$ H/m。式中 $c = 1/\sqrt{\varepsilon_0 \mu_m} = 1/\sqrt{\varepsilon_0 \mu_0}$,电磁波传播速度等于光速;$n_x = \sqrt{\frac{1}{2}\left[\varepsilon_r + \sqrt{\varepsilon_r^2 + \left(\frac{\rho_e}{\omega\varepsilon_0}\right)^2}\right]}$,$n_x$ 为折射率。

当介质为真空时,煤岩材料的电阻率 $\rho_e = 0$,$n_x = \sqrt{\varepsilon_r} = 1$,所以 $v = c = 1/\sqrt{\varepsilon_0 \mu_0}$。当介质能够导电时,$\rho_e \neq 0$,因此 $n_x \geqslant \sqrt{\varepsilon_r}$,这就造成电磁波传播速度小于光速。当介质中的电阻较高时,电磁波的传播距离长,传播速度快,对于高频的电磁波,其传播距离相对于低频的传播距离短,其传播速度也快。

电磁波在煤岩体介质中,假设电磁波的振幅减小 $e$ 倍,此时将电磁辐射的传播距离作为电磁波传播的有效距离,定义为 $L$,$L$ 则可表示为电磁波的有效穿透深度[86],即:

$$L = 1/\sqrt{\frac{\mu_m \omega^2}{2}\left[\sqrt{\varepsilon_r^2 + \left(\frac{\rho_e}{\omega}\right)^2} - \varepsilon_r\right]}$$

$$= 1/\sqrt{\frac{\mu_m \varepsilon_r \omega^2}{2}\left[\sqrt{1 + \left(\frac{\rho_e}{\omega \varepsilon_r}\right)^2} - 1\right]} \tag{6-3}$$

在分析有效距离 $L$ 时,根据参考文献[203]中的理论对(6-3)式进行简化,即:

$$b = \sqrt{\frac{\omega \mu_m \rho_e}{2}}$$

$$L = 1/\sqrt{\frac{\omega \mu_m \rho_e}{2}} \tag{6-4}$$

由此可见,根据煤岩材料的介电常数 $\varepsilon_r$、电阻率 $\rho_e$ 就可确定有效距离 $L$ 与电磁波频率间的关系。对于现场煤岩体来说,当电磁场频率低于 1 MHz 时,$\rho_e/\omega\varepsilon_r \gg 1$,因此用式(6-4)计算是合适的。

根据以上分析,结合参考文献[86]和[203]所述,根据煤岩体的电磁特性参数($\varepsilon_r$、$\rho_e$)计算得到电磁辐射的频率 $f$ 和传播距离 $L$ 的关系,即:

$$L = \sqrt{\frac{\rho_e}{\pi \mu_m f}}$$

$$f = \frac{\rho_e}{\pi \mu_m L^2} \tag{6-5}$$

根据 6.1 节的分析可知,煤田火灾涉及大尺度煤体升温燃烧的多场演化发展过程,因此在现场进行电磁辐射探测时,必须要考虑电磁辐射的传播特性,这就需要选取最优频谱进行探测。电磁辐射优势频谱可满足电磁辐射在煤岩和空气介质中的恰当传输距离,这样才能保证探测足够范围的电磁辐射信息,进行电磁辐射异常分析和火区反演。

由上节分析得到,煤体的电阻率 $\rho_e$ 一般介于 $10^2 \sim 10^3$ $\Omega \cdot m$ 之间,在不考虑温度对煤体电阻率的影响时,根据式(6-5)分析,当电磁辐射接收频率 $f$ 的最大值取 500 kHz 时,现场能够探测的最长距离为 22.5 m;当现场选择接收频率的上限为 20 kHz 时,电磁辐射探测范围(或深度)为 35.6~112.5 m。测试距离的增大在很大程度上满足煤田火灾现场测试的需要,有利于测点的布置和选择。因此,在煤田火灾电磁辐射优势频谱的选择上应考虑低频信号的测试深度优势。

电磁辐射优势频谱的选择要区别煤体受热燃烧电磁辐射信号与煤岩变形破裂电磁辐射

信号的差异性。根据井下煤岩动力灾害的测试分析结果,电磁辐射探测的频率一般是 $1 \sim$ 500 kHz,现场煤体未发生剧烈破坏时,电磁辐射频率较低,大约在 15~45 kHz 之间。电磁辐射低频信号的产生与无约束条件下煤岩受热升温产生低频信号相似。根据第四章的研究分析,电磁辐射在 0~100 kHz 的频率范围内有显著变化,但是在升温加载耦合条件下进行煤岩受载破坏的研究时,出现了电磁辐射频谱向高频的迁移,对应岩石受载过程电磁辐射频谱增大,且没有出现低频信号。因此为区分煤体受热升温产生电磁辐射与煤岩受载破坏产生电磁辐射的来源,电磁辐射天线应采用以低频电磁辐射测试天线为主、宽频电磁天线测试相结合的频谱选择方式。

煤岩体破裂尺度的不同,对应电磁辐射频率变化的差异,考虑到煤田火区破裂在大尺度的演化过程中产生的电磁辐射场能量是非常强的,这更加有利于进行煤田火区电磁辐射低频和宽频天线的探测。

基于以上分析,在进行煤田火区现场探测时,电磁辐射优势频谱选用定向低频天线(范围:0~100 kHz)加定向宽频天线(0~500 kHz)的组合方式进行探测。低频和宽频电磁辐射组合测试方法既能实现电磁辐射现场测试距离,又能满足使用电磁辐射进行高温区域的反演及分析。

3) 煤田火区电磁辐射信号传播特性及频谱分析

煤田火区内,煤升温和燃烧产生的电磁辐射信号会在煤岩介质和空气中传播,在非均匀介质中传播时,运用经典的麦克斯韦方程组能够分析电磁信号的传播特性。麦克斯韦方程组的形式[86]为:

$$\begin{cases} \text{rot}\boldsymbol{B} = \boldsymbol{J} + \dfrac{\partial \boldsymbol{D}}{\partial t}, \\[2mm] \text{rot}\boldsymbol{E} = -\dfrac{\partial \boldsymbol{B}}{\partial t}, \\[2mm] \text{div}\boldsymbol{B} = 0, \\[2mm] \text{div}\boldsymbol{D} = e_q \end{cases} \tag{6-6}$$

其中,$\boldsymbol{B}$ 表示磁场强度;$\boldsymbol{E}$ 表示电场强度;$\boldsymbol{D}$ 表示电感矢量;$e_q$ 表示单元体的电荷密度。

由于空气介质有一定的电导率,$e_q$ 非常小接近等于 0,因此 $\text{div}\boldsymbol{D} = e_q$ 又可写成 $\text{div}\boldsymbol{D} = 0$。上述方程组的物理意义是物体本身具有电场和磁场,交变的电场能够产生磁场,交变的磁场能够产生电场。

交变的电磁场在非均匀的煤岩或空气介质中以电磁波的形式存在,这也就说明空间中的电磁场可用波动方程来表征。电磁波在介质中传播时,幅值会随着传播距离的增加而衰减,这已得到证实。如果考虑简谐波情况,即有:

$$\begin{aligned} E &= E_0 \, \mathrm{e}^{\mathrm{i}(\omega t - KR)} \\ H &= H_0 \, \mathrm{e}^{\mathrm{i}(\omega t - KR)} \end{aligned} \tag{6-7}$$

其中,波数 $K$ 为一复数,令 $K = a - \mathrm{i}b$,则得 $K^2 = a^2 - b^2 - 2\mathrm{i}ab$。

根据参考文献[86]的论述分析得到：

$$a^2 - b^2 = \mu_m \varepsilon_r \omega^2$$
$$2ab = \mu_m \omega \rho_e$$

（6-8）

解之得：

$$a = \omega \sqrt{\frac{\mu_m}{2}\left[\varepsilon_r^2 + \left(\frac{\rho_e}{\omega}\right)^2 + \rho_e\right]}$$
$$b = \omega \sqrt{\frac{\mu_m}{2}\left[\varepsilon_r^2 + \left(\frac{\rho_e}{\omega}\right)^2 - \varepsilon_r\right]}$$

（6-9）

将上式代入式(6-7)得：

$$E = E_0 e^{-bR} e^{i(\omega t - ar)}$$
$$H = H_0 e^{-bR} e^{i(\omega t - ar)}$$

（6-10）

上式表明电磁波沿 $R$ 方向按负指数规律衰减，其中 $b$ 为电磁波衰减系数，$a$ 为相位常数。

电磁波的衰减是由于传播过程中电磁波的带电质点碰撞使得能量被消耗，由式(6-9)分析得到，衰减系数与介电常数 $\varepsilon_r$、磁导率 $\mu_m$、电阻率 $\rho_e$ 和频率 $\omega$ 有很大关系，随着 $\varepsilon_r$ 的增大或 $\rho_e$ 的增大，衰减系数增大。

电磁波的频率不同，传播特性也不同，式(6-10)表明，电磁辐射的频率越大，衰减系数越大。在进行煤田火区电磁辐射探测时，使用的是低频天线，低频电磁辐射的频率低，电磁波的衰减系数小，因此有效传播距离较远。实际上煤田火区范围比较大，并且由于火区内大量的煤炭受热升温及燃烧，其产生的电磁辐射能量非常大，因此低频电磁辐射信号也非常强。进一步，选用低频电磁辐射结合宽频电磁辐射的方式进行探测，保证了采集信号的全面性，同时能够利用低频优势频谱区分电磁辐射来源，这也从电磁波的衰减特性上验证了低频天线的优势，说明现场测试优势频谱的选择是正确的。

根据煤岩热物性参数分析得到，温度升高对煤岩材料的电阻率具有较大影响，但是煤体的电阻率和煤体的变质程度也有很大关系，煤体的变质程度不同导致煤体内部结构、含水性等有差异；同时含水性不同，电阻率的大小也不同。相比煤岩受载破坏电磁辐射传播特性来说，电磁波传播也呈现不同规律的变化。根据电磁辐射传播有效距离计算公式得到，传输距离与煤岩介质的电阻率成反比，与电导率的大小成正比。温度升高后煤岩介质中的含水率减少，煤岩介质中的电阻率降低，对应的电磁波的传输距离变大。

### 6.2.2　电磁辐射定向定位高温异常区域

1）基于克里金插值法的电磁辐射反演高温异常区域

根据分析测试得到的电磁辐射数据，电磁辐射在不同位置处的测值是不同的，在应用电磁辐射值反演煤田火区高温异常区域时，需要选用合适的空间差值方法。本节采用插值精度高的克里金插值法[205]进行电磁辐射的反演计算。

克里金插值法的公式为：

$$Z^*(x_i) = \sum_{i=1}^{n} \lambda_i Z(x_i) \tag{6-11}$$

其中，$Z^*(x_i)$为估算点的电磁辐射测值，$\lambda_i$为电磁辐射测值的权重，$x_i$为电磁辐射测点的坐标位置，$Z(x_i)$为电磁辐射测值的计算点。

根据克里金插值法的计算原理[202]，其方程组为：

$$\begin{cases} \sum_{i=1}^{n} \lambda_i = 1, \\ \sum_{i=1}^{n} \lambda_i \gamma(x_i, x_j) + \mu = \gamma(x_0, x_j) = \gamma(x_i - x_j) (j=1,2,\cdots,n) \end{cases} \tag{6-12}$$

其中，$\gamma(x_i, x_j)$表示电磁辐射时间序列上的变异函数，根据不同测点的方差计算得到，即 $\gamma(h) = \frac{1}{2} Var[Z(x) - Z(x+h)] = \frac{1}{2n} \sum_{i=1}^{n} [Z(x) - Z(x_i+h)]^2$；$\mu$表示电磁辐射时间序列的拉格朗日乘子。

2）电磁辐射定向定位判定高温异常区域算法

在进行高温异常区域电磁辐射测试时，假设电磁天线的线圈匝数为$N$，线圈面积为$S$，天线的朝向与高温异常区域的夹角为$\theta$，根据电磁场的理论得到现场测试过程中感生电动势的大小为[206]：

$$E_m = N \frac{d\varphi}{dt} = N_s \cos\theta \frac{dB}{dt} \tag{6-13}$$

若天线接收到的电磁辐射的功率为$P$，则$P$与天线的感生电动势$E_m$的二次方成正比，与天线的阻抗$R$成反比，即：

$$P = \frac{E_m^2}{R} \tag{6-14}$$

基于此，任意一个时间段内电磁辐射的能量与功率之间的关系为：

$$W = \int_{t_1}^{t_2} P dt \tag{6-15}$$

结合以上分析可以得出，电磁辐射能量和天线测试方向与辐射源的夹角的平方呈正比关系，即：$W \propto \cos^2\theta$。

现场测试的高温异常区域所产生的电磁场能够向四周发射，假设高温区域内电磁辐射源的能量为$W$，其在水平方向的电磁辐射能量为$W_1$，对应$W$与$W_1$的方向角为$\theta_1$；其在垂直方向的电磁辐射能量为$W_2$，对应$W$与$W_2$的方向角为$\theta_2$。根据式(6-13)~式(6-15)分析即可得到：

$$\frac{W_1}{W_2} = \frac{W \cos^2\theta_1}{W \cos^2\theta_2} \tag{6-16}$$

上式表明，通过水平方向和垂直方向的电磁辐射能量值能够计算得到电磁辐射源的方向，即电磁辐射主方向，其中电磁辐射主方向与水平方向和垂直方向的夹角分别为：$\theta_1 = \arctan\sqrt{W_2/W_1}$ 和 $\theta_2 = \arctan\sqrt{W_1/W_2}$。

3）电磁辐射划定煤田火区边界判据

电磁辐射法进行灾害的预警时一般采用临界值法和动态变化趋势法[206]，由于现场测试采用具有时间尺度的多测点测试，因此，采用临界值法进行火区边界划分。

煤岩体受热升温会产生诸如热能、声能和电磁能等能量，煤岩体变形破裂越大，产生的能量越高。煤岩体受热升温产生的总能量可表示为：$W = \sigma\varepsilon = \sigma^2/E$，则煤岩体受热升温产生电磁辐射能量 $W_E$ 与 $W$ 成正比，即电磁辐射能量为：

$$W_E = aW = a\sigma\varepsilon = a_e\sigma^2 \qquad (6-17)$$

其中，$a$ 和 $a_e$ 为比例系数，$\sigma$ 为应力。

根据电磁理论，电磁辐射能量 $W_E$ 与电磁辐射强度 $E_m$ 的关系为：

$$W_E = \int_V w_e \mathrm{d}V = \int_V \frac{1}{2} E_m D_e \mathrm{d}V = \frac{1}{2} \varepsilon_r E_m^2 V \qquad (6-18)$$

其中，$w_e$ 表示电磁辐射能量单元，$V$ 表示煤岩体受热升温的体积量，$D_e$ 表示煤岩体受热升温产生的电位移，$\varepsilon_r$ 表示煤岩材料的介电常数。

上节已分析得到煤岩体受热升温时，其体积和介电常数变化量相对较小，因此式（6-18）可表示为：

$$W_E = bE_m^2 \qquad (6-19)$$

根据式（6-17）和式（6-19）可以得到电磁辐射强度 $E_m = k\sigma$，$k$ 为常数，即煤岩受热升温电磁辐射强度与热应力呈正比。

将煤田火区按危险程度划分为不自燃危险区、自燃危险区和易自燃危险区，则对应的电磁辐射强度分别为 $E_{zw}$、$E_z$ 和 $E_{yz}$。对应的三种危险程度的临界值系数分别为：

$$k_z = \frac{E_z}{E_{uz}}, k_{yz} = \frac{E_{yz}}{E_{uz}} \qquad (6-20)$$

式（6-20）即为煤田火区危险程度的判定准则。

# 6.3 煤田火区电磁辐射探测现场应用

## 6.3.1 新疆火区概况

新疆煤田资源非常丰富，但长期受到煤田火灾的困扰。第三次全疆煤田火灾普查工作结果表明，新疆的煤田火灾区数量已达 50 处以上，并且每年都会有新的火区产生。新疆的煤田火区分布比较广，遍及淮南煤田、淮北煤田、准东煤田等 25 个矿区[208]。

新疆煤田火灾多发与区位因素有很大关系，新疆煤田的成煤时期比较晚，煤层埋深比较浅，煤的自然发火期很短（有的自然发火期小于 30 天），加上新疆气候干燥，夏季温度高，昼夜温差大，因此浅部及露头煤炭极易发生自燃。新疆煤田火灾的多发还与人为开采因素有关，由于人们在煤炭开采过程中"挑肥拣瘦"造成上覆岩层破坏引起漏风。煤田在开采过程中,开采设计没有全面考虑发生火灾的潜在危险,开采技术的落后加之火灾防治意识的欠缺,造成后期煤自燃,逐渐发展演化成煤田火灾。

新疆煤田火灾具有以下特点:煤田火灾发生的历史较长;火灾的分布范围比较广,并且燃烧的深度比较浅。探测发现,煤田火灾大都发生在浅部煤层,燃烧深度大约为20~100 m;煤田火灾燃烧面积比较大,并且火区表面温度比较高。

新疆煤田火灾的治理主要采用剥离平整、注水降温、钻探、注浆、黄土覆盖的综合灭火方法,但是由于原有灭火难度大以及新火区的不断被发现,使得新疆煤田火灾面临诸多困境。

大泉湖火区距离乌鲁木齐市 9 km 左右,通过 GPS 测试得到其地理坐标位于东经 $87°25'29.71''\sim87°27'17.25''$,北纬 $43°47'31.23''\sim43°47'57.15''$,平均海拔在 1 km 左右。

大泉湖煤田火区所在位置气候干旱,夏天热冬天冷,平均风速为 2.8 m/s,具有新疆煤田火区典型特征,选择该区作为测试现场非常具有代表性。大泉湖火区燃烧煤层呈东西走向,倾角在 $52°\sim62°$ 之间,煤层厚度约为 7 m,长约 2.6 km,南北长约 125 m,火区的面积在 32 万 $m^2$ 左右,燃烧深度为 7~130 m。大泉湖火区地表温度较高,最高温度可达 121 ℃。图 6-1 为使用红外热像仪测试得到的地表温度图。(彩图见图 6-1 旁的二维码链接)

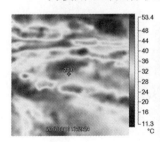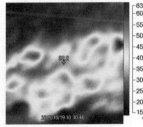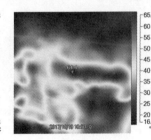

图 6-1 地表温度红外成像

大泉湖煤田的构造比较单一,向北单斜,地表平缓。由于煤质易自燃,埋藏比较浅,所在区域气候干燥等原因导致煤自燃并演化成煤田火灾。火灾后的自然产物包含焙烧黏土残留的煤、煤灰、烧变岩石等,焙烧黏土是高岭石质黏土经烧烤所形成的具有一定颜色的变质土体。岩石经高温处理后,内部颗粒发生相变成为烧变岩,其颜色会发生变化,距离燃烧区越近,烧变岩的颜色越明显,可以从图 6-2 煤田的剖面中清晰地看到分带特征。(彩图见图 6-2 旁的二维码链接)

图 6-2 煤田坡面图

煤田火灾对地表植被影响较大,地表植物基本死亡,燃烧的塌陷区对施工灭火造成挑战,据统计大泉湖火区每年由于煤炭烧失造成煤的损失达到 22 万 t,并且有将近 1 200 万 t 的煤炭受到火灾的威胁[209]。

### 6.3.2　现场测试装置及测试方案

（1）测试仪器

煤田火区现场测试仪器选用电磁辐射探测装置,探测装置包括监测主机和电磁辐射天线。电磁辐射探测装置的监测主机主要包括前置放大器、滤波器、模数转换器、中央处理器和显示通信端口。此外,通过键入键盘进行主机的设置,通过电源进行主机的供电和运行。通信端口可以与 PC 设备连接。

根据上节分析,电磁辐射测试天线频率从 0～100 kHz 频段内进行选择,这里分别选择低频定向磁棒天线(10 kHz、30 kHz),定向磁棒天线(60 kHz)三组天线进行测试;电磁辐射宽频天线频谱范围为 0～500 kHz。电磁辐射测试实体装置如图 6-3 所示。

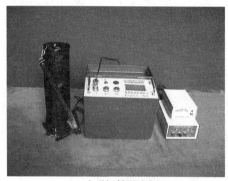
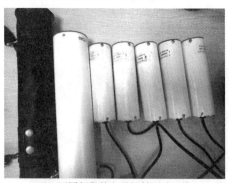

（a）电磁辐射测试主机　　　　　　　　（b）不同频段的电磁辐射测试天线

**图 6-3　电磁辐射测试装置**

现场测试时,电磁辐射监测主机与天线连接,监测主机的四个通道分别连接四种频率的天线。监测装置能够实时采集电磁辐射的时序信号和波形信号,并能够实现信号的转换存储和预警。电磁辐射测试装置能够采集 1 s～4 h 时间跨度的不同频率的电磁辐射信号。根据现场环境,通过调节采集过程中的前置放大器的放大倍数、采集门槛值及采样频率等参数,实时测试电磁辐射大小。利用电磁辐射处理软件对测试到的电磁辐射数据文件进行分析和处理。

电磁辐射数据分析软件能够分析数据的时序信号特征和波形信号特征。时序变化特征从每一个采集点处电磁辐射强度大小的有效值、最大值、平均值等方面进行分析和处理,实现单点和多点的数据统计和区域动态变化趋势分析;波形特征则是分析单个采样点每一个事件的波形特征。时序变化特征的具体分析方式是将电磁辐射数据文件保存到处理软件中,通过数据回放的方式进行数据的读取,选取电磁辐射强度指标,数据文件能够被实时显示成电磁辐射时序变化曲线,通过数据导出方式,可以将电磁辐射强度值导出到 Excel 中,进行后续分析。

（2）测试方案

在进行电磁辐射的现场测试时,必须尽可能排除周边环境的影响。在现场测试干扰排除方面,一是测试所处位置通信基站和高压电线非常少,手机信号也比较弱,这大大降低了对测试电磁信号的干扰;二是使用的是定向电磁辐射天线,具有一定的接收方向,在测试时能够防止其他方向的电磁干扰;三是在选择测点时,测点周围必须保证没有地面钻机、电线和其他管线的干扰。以上方法大大降低了环境对测试的干扰。

　　煤田火区电磁辐射测试方案包括两部分,分别是高温异常区域电磁辐射探测和高温区域外电磁辐射测试。现场测试区域位置如图 6-4 所示。

　　选定的大泉湖煤田火区的位置如图 6-4 所示,整个区域长 250 m、宽 200 m。图中的区域 1 为高温异常区域,根据新疆煤田灭火工程局工程一队大泉湖火区项目部在 2017 年 10 月份提供的钻孔温度数据,煤的温度在 100~305 ℃之间,温度是通过钻孔用特制热电偶测试所得,钻孔的深度为 20~50 m。

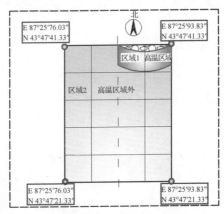

图 6-4　现场测试区域位置

1) 高温异常区域电磁辐射探测方案

　　高温异常区域(图 6-4 中的区域 1)长 100 m、宽 20 m,在该区域内布置 5 条测线,每条测线相隔 25 m,测点布置如图 6-5 所示。

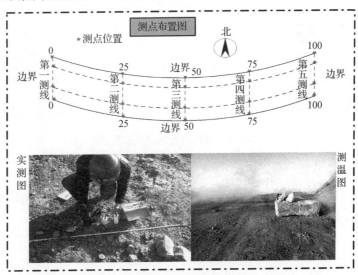

图 6-5　高温异常区域电磁辐射测点分布

如图 6-5 所示,每条测线布置 4 个测点,每个测点分别进行四个方向的测试,其中将水平方向北偏东 0°记为水平 0°、水平方向北偏东 45°记为水平 45°、水平方向北偏东 90°记为水平 90°、垂直向下方向记为垂向。

到达预定的第一测点后,首先连接电磁辐射测试仪器与电磁辐射天线,根据 6.2 节中现场测试优势频谱的选择分析,测试天线使用频率为 10 kHz、60 kHz 的低频天线和宽频定向天线。调整电磁辐射测试装置的采集频率、门槛值、采集时间,进一步消除环境噪声对测试的干扰。现场测试过程中,电磁辐射装置的采样频率设置为 25 kHz,每个测点的采集时长设置为 1 min。

参数设置完毕后,开始进行测试,从第一测线第一测点开始,分别进行不同频率和不同方位的电磁辐射测试,直至测试完第五测线第四测点。测试完毕后,使用电磁辐射处理软件导出测试结果。

2) 高温区域外电磁辐射测试方案

在选定的大泉湖火区高温区域外(图 6-4 中的区域 2),在垂直煤层走向布置 5 条测线,每条测线长度为 250 m,每条测线布置 6 个测点,每个测点之间的距离为 50 m,第一测线的第六测点海拔较第一测点高 70 m,测点布置如图 6-6 所示。

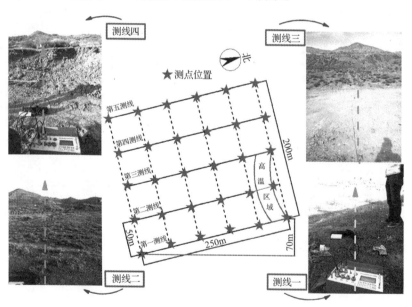

图 6-6 煤田火区外测点布置图

首先在第一测线的第一测点处,设置电磁辐射测试装置的采集参数,参数设置与高温异常区域测试方案中的一致。在每个测点处测试不同方向和不同频率的电磁辐射信号,测试方向共有 6 个,如图 6-7 所示。

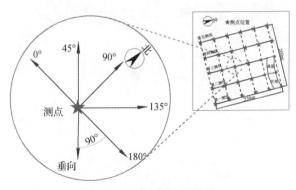

**图 6-7 测点方向示意图**

如图 6-7 所示,6 个方向分别是:水平正北向记为水平 90°,水平北偏西 45°记为水平 45°,水平北偏西 90°记为水平 0°,水平北偏东 45°记为水平 135°,水平北偏东 90°记为水平 180°,垂直地面向下记为垂向。

在进行每个测点的测试时,测试方向的顺序均从水平 0°开始,依次是水平 45°、水平 90°、水平 135°、水平 180°和垂向测试。每个方向测试 1 min,第一测线测试完毕后进行第二测线测试,按照顺序直至测试完第五测线第六测点。

测试完毕后,分析不同方向和不同频率的电磁辐射信号变化特征,并应用电磁辐射测试数据定向定位高温异常区域。

### 6.3.3 高温异常区域电磁辐射测试结果

电磁辐射测试装置的采集参数主要有电磁辐射强度、电磁辐射脉冲和电磁辐射能量。当电磁辐射强度和脉冲数超过设置门槛值时,采集装置能够记录电磁辐射信号,门槛值的设置也能够屏蔽环境的电磁干扰。测试结束后,使用电磁辐射测试分析软件导出记录的数据。

(1)高温异常区域内不同测点的电磁辐射测试结果

高温异常区域内,不同测点垂向电磁辐射测试结果如图 6-8 所示。

图 6-8 给出了三条测线中的三个测点电磁辐射脉冲的测试结果,在采集时间为 1 min 的尺度内,采集到的电磁辐射事件数是不同的,其中第五测线第三测点事件数最多,脉冲信号的变化呈阵发性波动变化。三个测点电磁辐射脉冲数的最大值分别为 79、96、106,不同测点电磁辐射脉冲数值存在差异。电磁辐射不同位置处的电磁信号的变化表明:能够应用不同位置的电磁辐射信号强度定向定位电磁辐射源。

进一步,不同测点处电磁辐射信号变化的差异性,从现场实践上也证明了实验室实验的可靠性,因此实验测试得到的煤受热升温及燃烧电磁辐射信号特性能够指导现场实践,并提供理论基础。

(2)高温异常区域电磁辐射信号与温度的相关性

对高温异常区域内 20 个测点的垂向电磁辐射脉冲进行分析,得到电磁辐射脉冲和温度的变化的对应相关性分析结果,如图 6-9 所示。

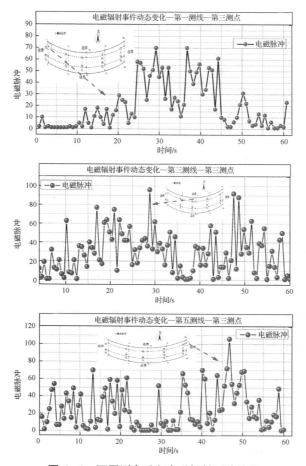

图6-8 不同测点垂向电磁辐射测试结果

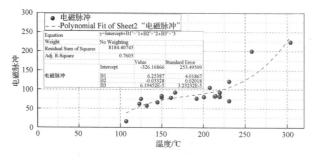

图6-9 电磁脉冲与温度的关系

由图6-9可得,温度越高,电磁辐射脉冲数越大,电磁辐射与温度具有较好的对应性。拟合电磁辐射与温度的变化,得到电磁辐射与温度呈正相关,相关系数大于0.76,相关性较高。

（3）高温异常区域不同方向的电磁辐射测试结果

在煤田火区高温异常区域进行测试时,分别在每个测点上进行了4个不同方向的测试,测点的方位分别为水平0°、水平45°、水平90°和垂向（已在第6.3.2节详细介绍）。不同方向电磁辐射测试结果如图 6-10 所示。

图 6-10 给出了 3 个测点在 4 个方向的电磁辐射测试结果,每个方向的电磁辐射采集时间为 1 min,从图中可以看出每个测点所采集到的电磁辐射事件个数均不同,这表明不同测点处煤体的温度有差异,产生的电磁辐射信号强度也不同。

图 6-10 中 3 个测点处 4 个方向的电磁辐射脉冲变化趋势也不同,基本上电磁辐射脉冲的垂向测值大于其他方向测值,而水平 0°、45°、90°方向的电磁辐射变化差异较大。第二和第四测线的测点电磁辐射信号在水平 0°、45°、90°方向逐渐增大,而第五测线第一测点电磁信号在水平 0°、45°方向相差不大。

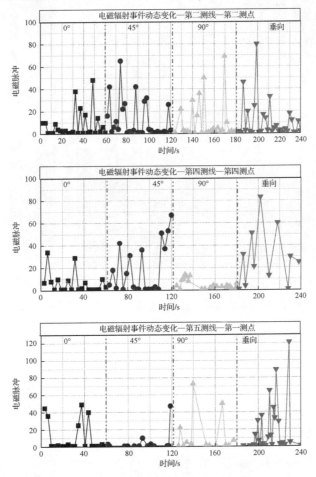

**图 6-10　不同方向电磁辐射测试结果分析**

造成不同方向电磁辐射信号差异的原因有两个,一是电磁辐射天线具有方向性,采用的定向天线的接收方向范围是天线中垂线左右各 30°,因此垂向天线采集到的信号强度最强。二是水平 0°、45°、90°方向采集到的信号位置不同,对应的高温区域产生的电磁辐射源也存在差异。

上述测试结果表明,当天线方向正对高温区域时,电磁信号测值较高;测试方向不同,电磁辐射测值也不同,这同样为应用电磁辐射定向定位高温异常区域提供了条件。

（4）高温异常区域电磁辐射反演分析

采用克里金插值法对在高温异常区域测试得到的 5 条测线共 20 个测点的电磁辐射数据进行变异函数计算,然后利用克里金差值法得到不同区域的变量值,实现电磁辐射空间反演计算。

利用同样方法对测点附近钻孔的温度进行分析,电磁辐射和温度的等值线图如 6‒11 所示。（彩图见图 6‒11 旁的二维码链接）

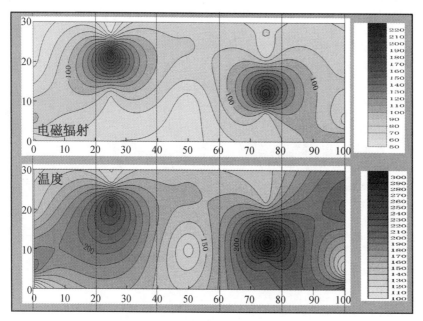

**图 6‒11　电磁辐射和温度等值线图**

如图 6‒11 所示,通过电磁辐射反演高温异常区域的等值线图,得出异常区域的空间位置,图中红色颜色越深,对应的该区域温度越高。在图 6‒11 中电磁辐射出现了 2 个明显的异常区域,说明该处的温度存在异常,对应的在域钻孔温度等值线图中,该位置处温度也较高。对比验证得到根据电磁辐射反演的高温异常区域空间位置与温度具有较好的对应性。

### 6.3.4　电磁辐射定向定位高温异常区域

（1）高温区域外不同测向的电磁辐射测试结果

分别选取了高温区域外的第一测线第一测点、第三测线第三测点、第五测线第五测点的电磁辐射信号时间序列,对比分析三个测点处不同测向电磁辐射信号变化及特性,如图 6‒12 所示。

分析 3 个测点 5 个方向的电磁辐射变化,电磁辐射信号在不同测向存在明显差异,同时 3 个测点电磁辐射测值大小差别也比较明显,从第一测线第一测点的脉冲数 16 到第五测线第五测点的脉冲数 80,电磁辐射信号在第五测点的值是第一测点处电磁辐射值的 5 倍。电磁辐射信号最大值基本上是从水平 0°、45°、90°逐渐增大,从水平 90°、135°、180°逐渐减小。

分析第五测线第五测点的电磁辐射信号,电磁辐射信号在水平 135°、180°方向的信号较强,并且电磁辐射事件数较多,电磁辐射信号非常丰富,电磁辐射事件个数达到 1 300,远大于第一测线第一测点和第三测线第三测点电磁辐射事件的个数。不同测向电磁辐射信号的差异性进一步证明电磁辐射信号来源于火区高温异常区域。

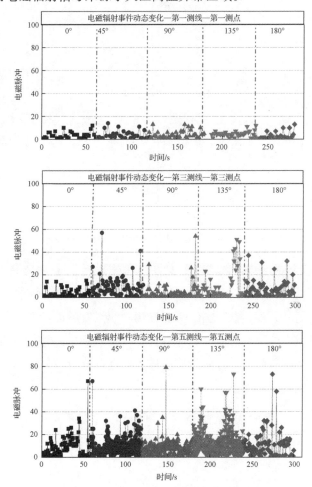

**图 6‑12　高温区域外不同测点电磁辐射变化**

(2)高温异常区域电磁辐射定向定位结果

根据 6.2 节电磁辐射定向定位分析方法,应用两个正交测向的电磁辐射能量判定电磁辐射主方向,在电磁辐射现场测试时,分别测试了水平 0°、45°、90°、135°、180°和垂向方向的电磁辐射信号。下面选取高温异常火区外的第二测线、第三测线和第四测线进行分析计算。

通过测试得到第二测线第三测点处水平 90°的电磁辐射能量最大值为 278.55 J,垂向电磁辐射能量最大值为 64.82 J。根据煤田火灾电磁辐射探测方法,计算得到电磁辐射源的主方向为北向水平向下 13.1°,如图 6‑13 所示。(彩图见图 6‑13 旁的二维码链接)

图 6‑13 中蓝色实线表示电磁辐射测试方向,蓝色虚线的方向线表示根据第二测线第

三测点电磁辐射测试结果判定的电磁辐射源主方向,电磁辐射源主方向是由高温异常区域向外发射。图 6-13 中红色虚线区域为高温异常区域,根据灭火局项目部提供的温度数据,高温异常区域在地下垂深 30～50 m 处的温度值最高。通过分析,书中判定的电磁辐射源主方向来自勘探的高温异常区域,验证了高温异常区域定向测试的准确性。

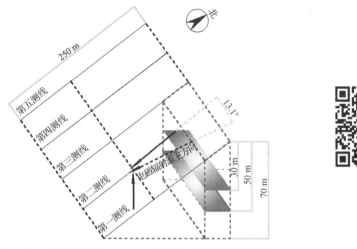

**图6-13 电磁辐射测试主方向示意图(第二测线第三测点)**

通过分析得到多个测点的电磁辐射源主方向,应用多个测点电磁辐射源主方向的交点能够进行高温异常区域的定位。根据上节中分析的不同测向电磁辐射的变化特性,电磁辐射在每条测线的第一和第二测点变化较小,而在第三测点以后信号变化较大,因此测点选取第二、第三和第四测线中的第三、四两个测点进行分析。选取每个测点垂直煤层走向的水平 90°方向的能量最大值和水平 180°方向的能量最大值进行分析,对应的各测点处的电磁辐射源主方向计算结果如表 6-1 所示。

**表 6-1 不同测点电磁辐射源主方向计算结果**

| 测线 | 第二测线 | | 第三测线 | | 第四测线 | |
|---|---|---|---|---|---|---|
| 测点 | 3 | 4 | 3 | 4 | 3 | 4 |
| 水平 90°方向的能量/J | 278.55 | 1291.7 | 477.2 | 356.2 | 192.2 | 162.7 |
| 水平 180°方向的能量/J | 39.95 | 394.1 | 66.17 | 162.7 | 31.3 | 272.8 |
| 电磁辐射主方向 | 8.17° | 16.97° | 7.89° | 24.5° | 9.25° | 59.2° |

运用表 6-1 中的 6 个测点的电磁辐射源主方向对高温异常区域进行定向定位,定向定位结果的二维平面图如 6-14 所示。(彩图见图 6-14 旁的二维码链接)

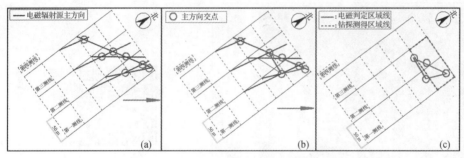 

图 6-14　电磁辐射定向定位高温区域图

如图 6-14(a)中圆圈所示,根据 6 个测点的电磁辐射源主方向,得到 7 个电磁辐射源主方向的交点;将不同测线上的电磁辐射源主方向的交点连线,得到电磁辐射判定的高温异常区域,如图 6-14(b)中实线部分所示;电磁辐射定位高温异常区域如图 6-14(c)的实线所示,其中虚线区域为钻探测得的高温异常区域。

将电磁辐射判定的高温异常区域与现场钻孔探测得到的异常区域进行对比,可以发现根据电磁辐射源主方向判定的高温异常区域基本位于钻孔探测的高温区域内,电磁定位异常区域处的温度是高温区域内最高的;但是电磁辐射源判定区域面积较小,并且有一部分在实际高温异常区域外,这与钻探测试结果有一定出入。造成上述结果的差异原因有:本次分析的测点采用的是三条测线的 6 个测点,在进行电磁定位异常区域时,由于测试仪器的精度限制,以及反演算法的局限性,使得电磁辐射源主方向判定的区域小于钻探测得的区域;高温异常区域根据钻孔温度划定了一个整体的区域,实际钻探测试时,每个钻孔之间的距离不等,区域内煤的温度范围为 $100\sim305$ ℃,电磁辐射对高温异常区域不同位置的信号强度不同,导致电磁辐射定向定位判定出现区域误差。

通过上述分析可得,电磁辐射能够实现高温异常区域的定向定位,具有较高的准确性。进一步,通过对比分析电磁辐射定向定位高温异常区域和钻孔探测高温区域的差异可得,在实际探测过程中,电磁辐射测点位置及方向能够对电磁辐射定向定位产生一定影响,这同时为后续运用电磁辐射进行高温异常区域定向定位的判定提供测试指导。

### 6.3.5　电磁辐射对煤田火区边界的划分

根据煤田火区现场测试结果分析,电磁辐射测值在不同测点处有显著变化,测点距离高温异常区域越近,电磁辐射强度测值越大,在距离高温异常区域 250 m 处,电磁辐射强度大小为 10 mV 左右,而在距离高温异常区域 150 m 处,电磁辐射信号强度值在 $50\sim70$ mV 之间。对比计算得到此时电磁辐射强度是距离高温异常区域 250 m 时的 $3\sim5$ 倍;电磁辐射强度在高温异常区域内的最大值达到 290 mV,信号强度是火区边界处电磁强度的 $3\sim5$ 倍。

对测试得到的高温区域外 4 条测线共 24 个测点的电磁辐射强度最大值进行反演,电磁辐射强度等值线图如 6-15 所示。(彩图见图 6-15 旁的二维码链接)

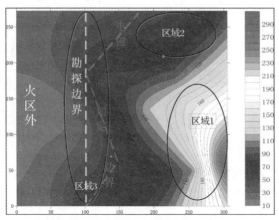

**图 6-15　不同测点电磁辐射强度等值线**

根据 6.2 节介绍的利用电磁辐射进行煤田火区边界划分的方法,结合不同位置处电磁辐射强度测定结果,在划定煤田自燃危险区和易自燃危险区时,临界值系数取 3~5,通过不同电磁辐射强度值划定煤田火区危险边界。

划定火区边界如图 6-15 红线所示,勘探边界如黄色线所示,电磁辐射强度在图 6-15 中的右下部分值最大,对应图 6-15 中区域 1,该处区域也对应 6.3.3 节所研究的高温异常区域位置。电磁辐射强度在图 6-15 中右上部分测值较小,对应图 6-15 中区域 2,相应的在该区域内没有高温异常带分布。电磁辐射测值在区域 3 变化特征较为稳定,区域 3 也对应煤田火区勘探边界外。(彩图见图 6-15 旁的二维码链接)

通过电磁辐射强度分析煤田火区边界可以得到,电磁辐射反演的火区边界与原先勘探的火区边界有一定出入,造成上述差异的原因是:一方面,电磁辐射预警临界系数是根据电磁辐射测值选取的,临界系数不同,电磁辐射划分煤田火区危险区域也不同;另一方面,在进行火区勘探边界的划分时,往往考虑地形、边界区域等因素,形成一个易于圈定的火区边界,这也造成与电磁辐射划定的边界存在差异。相对勘探火区边界划分,电磁辐射强度对火区内的温度异常变化更灵敏,体现的信息更丰富,在划定边界上标注的区域更直接。

## 6.4　煤田火区电磁辐射信号特征分析

通过煤田火区电磁辐射现场测试,电磁辐射信号在煤田火区高温区域有显著的变化,电磁辐射异常变化能够判定高温异常区域的范围及位置。在对电磁辐射测试过程中,每个测点进行 6 个方向的测试,测试的时间是 1 min。通过数据分析得到电磁辐射的时间序列变化,电磁辐射信号呈脉冲形式变化。在测试结果上,选用了电磁辐射强度和脉冲的最大值进行分析,这与实验室测试到的电磁辐射时间序列规律一致,不同之处是实验室测试尺度比较小,在进行采集过程中,实验室的采集参数中的放大倍数大于现场采集时的采集放大参数。

煤受热升温直至燃烧过程中,煤体内部的变形破裂是逐渐发展演化的,微观上,温度升高造成煤体内部微缺陷的发育,煤体受热膨胀逐渐产生微裂纹,微裂纹进一步扩展并连贯。煤体热损伤的宏微观变形破裂过程,对应的电磁辐射信号也是逐渐增大的。

根据第三章电磁辐射时序多重分形特征分析,电磁辐射多重分形谱是稀疏型,表明电磁辐射时间序列呈波动变化,并且通过分形参数得到电磁辐射信号中小信号占比较大,大信号占比相对较小。煤体热变形破裂对应电磁辐射信号的强弱,电磁辐射信号多来源于煤体的小尺度变形破裂,这也反映煤体在热变形破裂过程中,能量是逐渐积累的,是一个动态演化过程。当煤体热损伤小尺度的变形破裂逐渐变化时,逐渐演化为大尺度的变形破裂;当产生较大尺度变形破裂时,电磁辐射信号发生明显的增高变化。

煤岩体热变形破裂与煤岩动力灾害过程中产生的电磁辐射信号也有明显差异。在进行煤岩动力灾害(比如顶板垮落,冲击地压)监测时,往往在动力灾害发生前出现电磁辐射信号的突变或者电磁辐射信号持续地快速增加。这点能够在书中第四章节的煤岩受载破坏电磁辐射实验测试以及煤岩动力灾害现场测试结果中分析出来。煤岩动力灾害的发生也具有流变特征,也是随着时间的增加能量逐渐积累,瞬间发生破坏,因此电磁信号发生突变。

在进行煤田火区电磁辐射探测过程中,电磁辐射信号包括煤岩体在受热升温及燃烧过程中产生的电磁辐射信号,同时也包括煤岩体受载破坏产生的电磁辐射信号。煤自燃是一个渐进变化过程,其发生发展的时间进程会更长,温度升高过程也受到很多因素的影响,在进行电磁辐射测试时,电磁辐射信号呈渐进增加的变化趋势,这与书中第二章煤受热升温及燃烧电磁辐射时间序列变化特征一致。

进一步,当利用电磁辐射进行煤自燃隐蔽火灾的连续监测时,在线监测预警煤田火区、煤堆火灾以及井下厚煤层巷道或者采空区自燃危险性,应从电磁辐射频率选择、电磁辐射测试装置、电磁辐射测点进行设计和分析。一般煤田火区位置比较偏僻,周围对电磁辐射的干扰比较少,同样本节现场测试的干扰也非常少,但是对井下煤层采空区和煤堆自燃进行连续性探测时,周围的干扰源会比较多,这就需要测试应充分考虑周边环境的影响,最大限度减小电磁辐射干扰。

## 6.5 本章小结

(1) 本章研究了煤田火灾发展演化过程,煤岩体之间的热传导以及热力作用,气体之间的对流以及裂隙之间渗流等构成了煤自燃的热-流-固多场耦合演化过程。分析了煤田火区电磁辐射传播特性,电磁波中带电质点碰撞消耗能量造成传播过程的衰减;电磁波的衰减系数与介电常数、磁导率、电阻率和频率有关系。温度升高后煤岩介质中的含水率减少,煤岩介质中的电阻率降低,电磁波的传输距离变大。

(2) 提出了煤田火区电磁辐射探测方法,包含电磁辐射测试天线频率的选择和电磁辐射定向定位高温异常区域的判定依据。在现场测试时,选择定向低频电磁辐射天线(范围:

0～100 kHz)加定向宽频天线(0～500 kHz)的组合方式进行煤田火区现场探测；所选择的优势频率既能满足电磁辐射现场测试距离要求，又能满足使用电磁辐射进行高温异常区域的反演及分析。

（3）根据新疆煤田火区的现状，选取乌鲁木齐大泉湖煤田火区进行测试；分别在高温区域内和区域外进行了电磁辐射现场测试。不同方向电磁辐射测试结果表明，高温区域垂向电磁辐射信号变化最为明显，高温区域的电磁脉冲均随着温度的升高而增大，与温度呈正相关变化。利用电磁辐射反演高温异常区域，得到电磁辐射信号能较好地反映高温区域的温度异常变化。利用电磁辐射定向定位判定了煤田火区高温异常区域，并结合钻孔测温进行了验证。

（4）分析了煤田火区电磁辐射空间变化特征，电磁辐射信号在同一测点不同测向的变化规律也不相同，现场测试的水平 90°方向正对高温区域，在不同方向测试到的信号强度从水平 0°、45°、90°方向逐渐增大，从水平 90°、135°、180°方向逐渐减小。利用电磁辐射强度对煤田火区边界进行划分，并与勘探边界进行对比验证。

（5）总结分析了煤田火区电磁辐射现场测试信号特征，对比分析了煤受热升温与煤岩动力灾害过程中产生的电磁辐射信号的特征规律与差异。通过分析电磁辐射信号特征，为进一步应用电磁辐射探测煤自燃高温异常区域提供了指导。

# **7** 结论和展望

## 7.1 结论

煤炭是我国主体能源,在煤炭开采、运输和存储过程中,均易受到煤自燃的威胁。煤自燃隐蔽火源探测是煤自燃火灾防治的前提手段,同时也存在巨大的需求。本书通过测试煤受热升温及燃烧过程中的电磁辐射信号,分析了电磁辐射信号的时频变化特征,揭示了煤受热升温及燃烧过程产生电磁辐射的机制,提出了煤田火区电磁辐射探测方法,最终应用电磁辐射技术进行了煤田火区的现场探测。主要结论如下:

(1)建立了煤受热升温及燃烧电磁辐射测试系统,测试并分析了不同变质程度的煤在受热升温及燃烧时的电磁辐射时序信号。首先通过测试得到煤燃烧过程中产生显著的电磁辐射,通过分析得到煤燃烧阶段与升温阶段的电磁信号有明显差异;进一步为全面分析煤自燃电磁辐射变化规律,指导现场测试,精细化测试分析了不同变质程度的煤在升温过程中的电磁辐射信号变化规律。煤在受热升温过程中,电磁辐射是非连续的脉冲信号,信号的频率范围为低频 30 kHz 至高频 1 MHz。煤受热升温时的电磁辐射信号变化与煤燃烧时的电磁辐射信号变化有一定差异,煤受热升温过程的电磁辐射信号逐渐增大,而煤燃烧过程的电磁辐射信号测值较大,并呈缓慢增加的变化趋势。

(2)系统分析了煤受热升温及燃烧过程的电磁辐射信号时序特性。测试了不同变质程度煤的导热系数、特征点温度和指标气体;分析了白芦长焰煤受热升温时电磁辐射与温度的变化关系,电磁辐射信号与温度呈正相关,相关系数在 0.73 以上;随着温度的升高,电磁辐射信号和 CO 具有较好对应性,均呈逐渐增大的变化趋势。煤受热升温时的电磁辐射信号均符合赫斯特统计规律,$H$ 值均大于 0.5,电磁辐射信号具有显著的长程相关性。煤燃烧过程中,电磁辐射信号的多重分形谱形态均为稀疏型,电磁辐射时间序列的离散性较大,电磁辐射小事件和大事件交替出现,反映出煤燃烧时变形破裂的非均匀性;与电磁辐射多重分形谱相比,电磁辐射信号的分形参数 $\Delta\alpha$ 和 $\Delta f$ 的变化与煤的种类有关,随着温度的升高,$\Delta\alpha$ 基本上呈减小的变化趋势,表明温度升高电磁辐射时序离散性降低,进一步反映出煤体内部损伤的复杂性降低,煤体热损伤程度增加。

(3)煤受热升温及燃烧过程中,电磁辐射信号的频谱随着煤的温度升高而发生变化,呈现出频带变宽、主频波动以及低频幅值显现的变化特性。煤受热升温及燃烧过程中,电磁辐射幅值也发生波动变化,对应煤在温度升高过程中发生不同程度(强度)的损伤破坏。电磁辐射信号在低频范围内出现了明显的幅值波动变化,温度越高电磁辐射主频的响应范围变化越明显。

(4) 研究了不同损伤条件下的煤岩力学行为及裂隙演化过程。高温处理后的岩石受载破坏力学参数(抗压强度、波速、弹性模量)变化呈现三个阶段;岩石的破坏模式由劈裂破坏变为劈裂拉伸组合、剪切拉伸组合破坏。采用扫描电镜对煤岩热损伤后的微观形貌进行分析,温度处理后煤体断口形貌呈现出内部微裂隙进一步发育扩展,微裂隙逐渐积累并产生微裂纹。运用声发射技术协同表征煤岩热损伤破裂演化过程,不同温度处理后,岩石受载破坏声发射高频信号数量比低频信号多,小尺度破裂逐渐积聚导致大尺度破裂,失稳破裂时声发射低频和高频的比率达到最大,此时大尺度破裂占主导地位。岩石在持续受热条件下声发射具有阶段性特征,对应得出岩石裂隙演化分为微缺陷发育,达到微裂隙的阈值产生初始裂纹,初始裂纹发育以及裂纹扩展贯通等阶段。

(5) 测试并分析了煤岩在不同损伤条件下的电磁辐射时-频特征。无约束条件下煤岩受热升温能够产生不同频带的电磁辐射信号,电磁辐射主频带范围主要为低频 0~50 kHz 和高频 800~1 000 kHz,其中低频信号在 38 kHz 左右波形数量最多,高频信号在 880 kHz 左右波形数量最多。常温单轴压缩条件下煤岩电磁辐射主频逐渐增加;升温加载耦合条件下煤岩电磁辐射主频在 800~1 000 kHz 范围内。

(6) 煤岩在常温单轴压缩和升温加载耦合条件下产生的电磁辐射有显著差异。常温单轴压缩条件下,煤岩失稳破裂时主要发生脆性破坏,电磁辐射信号在失稳破裂时会发生突变;升温加载耦合条件下,煤岩在初始受载便产生显著的电磁辐射信号,明显比常温单轴压缩条件下的信号丰富。

(7) 揭示了煤受热升温及燃烧产生电磁辐射的机制。煤受热升温及燃烧产生电磁辐射的机制为:①煤体受热升温发生热变形破裂,煤体内部产生自由电荷并积聚,向外辐射电磁波,煤体内部对偶极子瞬变以及热电子跃迁引起自由电子变速运动,进而产生电磁辐射;②煤燃烧火焰产生带电离子,电性不同的带电离子之间形成电势差,产生感应电磁场,进一步煤燃烧火焰中带电离子产生及消失的链式反应过程能够产生自由电子,自由电子形成及消失同样能够产生电磁辐射。

(8) 建立了煤受热升温热电耦合模型。煤岩体材料的热膨胀系数能通过变形量计算得出,热膨胀系数与温度呈多阶段变化。根据煤岩体热损伤变形量,计算得到煤岩体孔隙体积的变化,其中煤和岩石的孔隙度差异较大,岩体总孔隙度的增加量总体上比较小。将煤岩体简化为弹性元件,结合梁理论计算得到煤岩体热应力大小。运用弹性模量的变化来表征煤岩体升温过程中的损伤程度,依据损伤力学、热力学等理论,结合煤岩力电耦合模型,基于煤岩内部单元体服从威布尔分布的假设,计算得到煤受热升温热电耦合模型;根据煤受热升温电磁辐射信号变化,对模型进行验证。

(9) 研究了煤田火灾发展演化过程,煤田火灾的形成、发展涉及煤岩体温度场、裂隙场、渗流场和化学场等多场耦合的问题。分析了煤田火区电磁辐射传播特性,电磁波中带电质点碰撞消耗能量造成电磁波在传播过程中的衰减;电磁波的衰减系数与介电常数、磁导率、电阻率和频率有关。温度升高后煤岩介质中的含水率减少,煤岩介质中的电阻率降低,电磁波的传输距离变大。

(10) 提出了煤田火区电磁辐射探测方法,包含电磁辐射测试天线频率的选择和电磁辐射定向定位高温异常区域的判定依据。在现场测试时,选择定向低频电磁辐射天线(范围:0~100 kHz)加定向宽频天线(0~500 kHz)的组合方式进行煤田火灾现场探测;所选择的优势频率既能满足电磁辐射现场测试距离要求,又能满足使用电磁辐射进行高温异常区域的反演及分析。

(11) 根据新疆煤田火区的现状,选取大泉湖煤田火区进行现场测试;分别在高温区域内和区域外进行了电磁辐射现场测试,测试得到高温区域内的垂向电磁脉冲与温度呈正相关变化。利用电磁辐射反演高温异常区域,得到电磁辐射信号能较好地反映高温区域的温度异常变化。进一步,利用电磁辐射定向定位判定了煤田火区高温异常区域,结合钻孔温度进行了验证。

(12) 分析了煤田火区电磁辐射空间变化特征,电磁辐射信号的变化规律在同一测点处的不同测向有显著差异,现场测试的水平 90°方向正对高温区域,在不同方向测试到的信号强度从水平 0°、45°、90°方向逐渐增大,从水平 90°、135°、180°方向逐渐减小。运用电磁辐射强度对煤田火区边界进行划分,并与勘探边界进行对比分析。总结分析了煤田火灾现场电磁辐射信号特征,对比分析了煤自燃受热升温与煤岩动力灾害过程中产生电磁辐射信号的特征规律与差异。

## 7.2  创新点

(1) 研究揭示了煤岩升温及燃烧过程的电磁辐射变化规律

建立了煤受热升温及燃烧电磁辐射测试实验系统,测试并分析了不同种类的煤在受热升温及燃烧过程中的电磁辐射信号时序-频域变化特征。测试了无约束条件、常温单轴压缩、高温处理后受载破坏和升温加载耦合条件下的力学及电磁辐射-声发射时序特征,分析并揭示了上述 4 种条件下电磁辐射信号的特征及差异。

(2) 揭示了煤升温及燃烧过程产生电磁辐射的机制

分析了煤岩热变形和热破裂演化过程,研究揭示了煤受热升温时的热致膨胀变形和热致破裂产生电磁辐射的机制。分析煤燃烧过程中燃烧火焰带电离子的产生及消失进程,得到了煤燃烧火焰带电离子链式反应产生电磁辐射的机制。进一步,建立了煤受热升温热电耦合模型。

（3）提出了非接触式煤田火区电磁辐射探测方法并进行了现场应用

提出了煤田火区电磁辐射探测方法，分析了煤田火区电磁辐射现场测试优势频谱，给出了电磁辐射定向定位火区高温区域的判定依据。采用电磁辐射探测装置进行了煤田高温区域内和区域外的现场测试，分析了煤田火区电磁辐射空间变化特性，利用电磁辐射进行了高温异常区域的定向定位，并结合钻孔温度进行了验证。

# 7.3　展望

（1）书中虽研究了不同变质程度的煤在受热升温及燃烧过程的电磁辐射变化特性，但对于不同种类的煤在低温受热-升温-燃烧（直至热解）全过程中电磁辐射信号的变化规律，以及精细化分析煤自燃特征温度点与电磁辐射的关系还需要进一步研究。

（2）煤岩受热升温过程中，煤岩成分会发生变化（发生相变），煤岩材质的变化对产生电磁辐射有很大影响。因此，分析不同变质程度的煤以及岩石在温度作用下的微观成分，能够进一步定性、定量揭示煤岩受热升温及燃烧产生电磁辐射的机制。

（3）煤体受热及破裂过程能够产生电磁辐射，而周边环境会对煤自燃受热过程中的电磁辐射产生干扰。因此在进行现场应用时，应进一步统计分析井下特殊环境的电磁辐射变化特性，分析煤自燃受热升温电磁辐射特性与井下特殊环境的电磁辐射特性的差异性。

# 附录 变量注释表

**第三章**

| | |
|---|---|
| $Q$ | 松散煤体放出热量,kJ/g |
| $q$ | 单位质量煤的吸氧量,mol/g |
| $t$ | 时间,s |
| $m$ | 煤体质量,kg |
| $\rho$ | 密度,kg/m$^3$ |
| $c$ | 比热容,J/(kg·K) |
| $\lambda$ | 导热系数,W/(m·K) |
| $T$ | 温度,℃ |
| $l$ | 长度,m |
| $R$ | 相关系数 |
| $n$ | 时间序列的个数 |
| $H$ | 赫斯特指数 |
| $D$ | 分形维数 |
| $\Delta\alpha$ | 多重分形谱宽度 |
| $\Delta f$ | 多重分形谱参数 |

**第五章**

| | |
|---|---|
| $E$ | 电场强度,V/m |
| $B$ | 磁场强度,A/m |
| $q$ | 带电粒子所带电量,C |
| $v$ | 带电粒子的速度矢量,m/s |
| $a$ | 带电粒子的加速度,m$^2$/s |
| $r$ | 带电粒子距离中心点的距离,m |
| $\varepsilon_0$ | 真空介电常数,F/m |
| $\varepsilon_r$ | 煤岩材料介电常数,F/m |

| $c$ | 真空中电磁波传播速度,m/s |
| --- | --- |
| $i$ | 煤岩介质的折射率 |
| $e$ | 自由电荷的电荷量,C |
| $\alpha(T)$ | 热膨胀系数 |
| $\sigma$ | 应力,MPa |
| $\sigma_t$ | 热应力,MPa |
| $\sigma_a$ | 单一裂纹扩展的临界应力,MPa |
| $h_1$ | 表面裂纹之间的距离,m |
| $\theta$ | 裂纹与应力间的倾斜角 |
| $a_1$ | 煤岩的热膨胀系数 |
| $l_t$ | 经温度处理后的高度 |
| $l_0$ | 试样常温时的初始高度 |
| $M_n$ | 煤岩体在常温的质量,kg |
| $M_t$ | 煤岩体在温度处理后的质量,kg |
| $V_1$ | 煤岩体的体积,cm³ |
| $\rho_2$ | 常温条件下煤岩体的密度 |
| $\varepsilon$ | 煤岩体变形量 |
| $v_s$ | 煤岩体横波波速,m/s |
| $v_p$ | 煤岩体纵波波速,m/s |
| $L$ | 板状煤岩体的长度,m |
| $h$ | 板状煤岩体的厚度,m |
| $\beta$ | 材料热膨胀发展方向与纵轴 $z$ 的夹角 |
| $G$ | 剪切模量,MPa |
| $\xi$ | 热应力作用下的温度系数 |
| $\varphi(\varepsilon)$ | 材料在热应力荷载过程中的体积单元损伤率 |
| $\varepsilon_i$ | 初始单元参数 |
| $D(\varepsilon)$ | 变形损伤参量 |
| $D(T)$ | 热损伤参量 |
| $E_0$ | 常温下(20 ℃)的弹性模量,MPa |
| $\Delta N$ | 电磁辐射脉冲数 |
| $\Delta S$ | 煤岩体受热损伤的面积 |

## 第六章

| $n_x$ | 折射率 |
| --- | --- |

| | |
|---|---|
| $\mu_m$ | 磁导率，H/m |
| $\rho_e$ | 电阻率，Ω·m |
| $L$ | 电磁波传播的有效距离，m |
| $W$ | 能量 |
| $W_E$ | 电磁辐射能量 |
| $D_e$ | 煤岩体受热升温产生的电位移 |

# 参考文献

［1］Kong B,Li Z H,Yang Y L,et al. A review on the mechanism,risk evaluation,and prevention of coal spontaneous combustion in China[J]. Environmental Science and Pollution Research,2017,24(30):23452－23470.

［2］梁运涛,侯贤军,罗海珠,等.我国煤矿火灾防治现状及发展对策[J].煤炭科学技术,2016,44(6):1－6,13.

［3］Song Z Y,Kuenzer C. Coal fires in China over the last decade:A comprehensive review [J]. International Journal of Coal Geology,2014,133:72－99.

［4］周福宝.瓦斯与煤自燃共存研究（Ⅰ）:致灾机理[J].煤炭学报,2012,37(5):843－849.

［5］蓝航,陈东科,毛德兵.我国煤矿深部开采现状及灾害防治分析[J].煤炭科学技术,2016,44(1):39－46.

［6］谢和平,高峰,鞠杨.深部岩体力学研究与探索[J].岩石力学与工程学报,2015,34(11):2161－2178.

［7］贾宝山,章庆丰,孙福玉.煤矸石山自燃防治措施[J].辽宁工程技术大学学报,2003,22(4):512－513.

［8］李贝.煤矸石山非控自燃热动力学特征及移热方法研究[D].西安:西安科技大学,2017.

［9］王德明.矿井通风与安全[M].徐州:中国矿业大学出版社,2007.

［10］Kuenzer C,Zhang J Z,Tetzlaff A,et al. Uncontrolled coal fires and their environmental impacts:Investigating two arid mining regions in north－central China[J]. Applied Geography,2007,27(1):42－62.

［11］Su F Q,Itakura K I,Deguchi G,et al. Monitoring of coal fracturing in underground coal gasification by acoustic emission techniques[J]. Applied Energy,2017,189:142－156.

［12］Yu Y M，Liang W G，Hu Y Q，et al. Study of micro‐pores development in lean coal with temperature［J］. International Journal of Rock Mechanics and Mining Sciences，2012，51(4)：91‐96.

［13］Zhang J Z，Kuenzer C. Thermal surface characteristics of coal fires 1 results of in situ measurements［J］. Journal of Applied Geophysics，2007，63(3/4)：117‐134.

［14］王恩元，孔彪，梁俊义，等. 煤受热升温电磁辐射效应实验研究［J］. 中国矿业大学学报，2016，45(2)：205‐210.

［15］Kong B，Wang E Y，Li Z H，et al. Time‐varying characteristics of electromagnetic radiation during the coal‐heating process［J］. International Journal of Heat and Mass Transfer，2017，108：434‐442.

［16］邓军，徐精彩，陈晓坤. 煤自燃机理及预测理论研究进展［J］. 辽宁工程技术大学学报，2003，22(4)：455‐459.

［17］Zhang J，Ren T，Liang Y T，et al. A review on numerical solutions to self‐heating of coal stockpile：Mechanism，theoretical basis，and variable study［J］. Fuel，2016，182：80‐109.

［18］Qi X Y，Xue H B，Xin H H，et al. Reaction pathways of hydroxyl groups during coal spontaneous combustion.［J］. Canadian Journal of Chemistry，2016，94(5)：494‐500.

［19］王省身，张国枢. 中国煤矿火灾防治技术的现状与发展［J］. 火灾科学，1994(2)：1‐6.

［20］Lopez D，Sanada Y，Mondragon F. Effect of low‐temperature oxidation of coal on hydrogen‐transfer capability［J］. Fuel，1998，77(14)：1623‐1628.

［21］Wang H，Dlugogorski B Z，Kennedy E M. Theoretical analysis of reaction regimes in low‐temperature oxidation of coal［J］. Fuel，1999，78(9)：1073‐1081.

［22］Gas Ventilation Fire and Fire Safety Research Institute. 50 years of fire prevention and control work［J］. Safety In Coal Mines，2003，34(S1)，23‐27.

［23］Li Z H，Kong B，Wei A Z，et al. Free radical reaction characteristics of coal low‐temperature oxidation and its inhibition method［J］. Environment Science and Pollution Research，2016，23(23)：23593‐23605.

［24］Wang D M，Xin HH，Qi XY，et al. Mechanism and relationships of elementary reactions in spontaneous combustion of coal：the coal oxidation kinetics theory and application［J］. Journal of China Coal Society，2014，39(8)：1667‐1674.

［25］Xin H H，Wang C G，Louw E，et al. Atomistic simulation of coal char isothermal oxy‐fuel combustion：Char reactivity and behavior［J］. Fuel，2016，182：935‐943.

［26］彭本信. 应用热分析技术研究煤的氧化自燃过程［J］. 煤矿安全，1990(4)：1‐12.

［27］邓军,杨俊义,张玉涛,等.贫氧条件下煤自燃特性的热重-红外实验研究［J］.煤矿安全,2017,48(4):24-28.

［28］刘剑,王继仁,孙宝铮.煤的活化能理论研究［J］.煤炭学报,1999,24(3):316-320.

［29］Nugroho Y S,McIntosh A C,Gibbs B M. Low - temperature oxidation of single and blended coals ［J］. Fuel,2000,79(15):1951-1961.

［30］Wang Y Y,Wu J M,Xue S,et al. Experimental study on the molecular hydrogen release mechanism during low-temperature oxidation of coal ［J］. Energy and Fuels,2017, 31(5):5498-5506.

［31］Marzec A. Towards an understanding of the coal structure:A review ［J］. Fuel Processing Technology,2002,77/78:25-32.

［32］朱红青,王海燕,宋泽阳,等.煤绝热氧化动力学特征参数与变质程度的关系［J］.煤炭学报,2014,39(3):498-503.

［33］Qu L,Song D Z,Tan B. Research on the critical temperature and stage characteristics on different metamorphic degree coal spontaneous combustion ［J］. International Journal of Coal Preparation and Utilization,2016,8:221-236.

［34］余明高,郑艳敏,路长,等.煤自燃特性的热重-红外光谱实验研究［J］.河南理工大学学报(自然科学版),2009,28(5):547-551.

［35］Gibbins J,Zhang J B,Afzal H. Prospects for coal science in the 21st century ［M］. Shanxi Science and Technology Press,1999:769.

［36］Ribeiro J,Suárez-Ruiz I,Ward C R,et al. Petrography and mineralogy of self-burning coal wastes from anthracite mining in the El Bierzo Coalfield (NW Spain) ［J］. International Journal of Coal Geology,2016,154/155:92-106.

［37］舒新前,王祖讷,徐精求,等.神府煤煤岩组分的结构特征及其差异［J］.燃料化学学报,1996(5):426-433.

［38］张玉贵,唐修义.煤岩学在煤自然发火倾向性研究中的应用［J］.煤田地质与勘探, 1994,22(4):21-24.

［39］邓军,徐精彩,阮国强,等.国内外煤炭自然发火预测预报技术综述［J］.西安矿业学院学报,1999,19(4):293-297.

［40］Wen H,Yu Z J,Fan S X,et al. Prediction of spontaneous combustion potential of coal in the gob area using CO extreme concentration:A case study ［J］. Combustion Science and Technology,2017,189(10):1713-1727.

［41］徐精彩,许满贵,邓军,等.基于煤氧复合过程分析的自然发火期预测技术研究［J］.火灾科学,2000,9(3):21-27.

[42] 鲜学福,王宏图,姜德义,等. 我国煤矿矿井防灭火技术研究综述[J]. 中国工程科学,2001,3(12):28-32.

[43] Song Z Y,Zhu H Q,Tan B,et al. Numerical study on effects of air leakages from abandoned galleries on hill-side coal fires [J]. Fire Safety Journal,2014,69:99-110.

[44] 罗海珠,梁运涛. 煤自然发火预测预报技术的现状与展望[J]. 中国安全科学学报,2003,13(3):76-78.

[45] Hooman K,Maas U. Theoretical analysis of coal stockpile self-heating [J]. Fire Safety Journal,2014,67:107-112.

[46] 褚廷湘,余明高,李龙飞. 采空区遗煤自燃环境信息识别及预报指标确定[J]. 中国安全科学学报,2014,24(8):151-157.

[47] Xia T Q,Wang X X,Zhou F B,et al. Evolution of coal self-heating processes in longwall gob areas [J]. International Journal of Heat and Mass Transfer,2015,86:861-868.

[48] Deng J,Li Q W,Xiao Y,et al. Experimental study on the thermal properties of coal during pyrolysis,oxidation,and re-oxidation [J]. Applied Thermal Engineering,2017,110:1137-1152.

[49] 徐精彩. 煤自燃危险区域判定理论[M]. 北京:煤炭工业出版社,2001.

[50] 徐精彩,文虎,张辛亥,等. 综放面采空区遗煤自燃危险区域判定方法的研究[J]. 中国科学技术大学学报,2002,32(6):672-677.

[51] 邓军,徐精彩,陈晓坤. 煤自燃机理及预测理论研究进展[J]. 辽宁工程技术大学学报,2003,22(4):455-459.

[52] 赵耀江,邬剑明. 测氡探火机理的研究[J]. 煤炭学报,2003,28(3):260-263.

[53] 邬剑明. 煤自燃火灾防治新技术及矿用新型密闭堵漏材料的研究与应用[D]. 太原:太原理工大学,2008.

[54] 王振平,程卫民,辛嵩,等. 煤巷近距离自燃火源位置的红外探测与反演[J]. 煤炭学报,2003,28(6):603-607.

[55] 周凤增. 煤矿井下自燃火源定位技术的研究与应用[D]. 北京:中国矿业大学,2010.

[56] Zhou Y G,Xue Z L,Ping J,et al. Experimental investigation of the scaling-off location and the slag mass in pulverized coal-fired boiler with water-cooled slag removal [J]. Energy and Fuels,2017,31(6):6625-6636.

[57] 朱红青,汪崇鲜,马辉,等. 巷道煤柱自燃温度场数值模拟与火源定位的研究[J]. 湖南科技大学学报(自然科学版),2007,22(2):1-4.

[58] 于树江,杨成轶,徐纪元,等. 基于指标气体和红外探测技术的整合矿井火区划分[J]. 煤炭科学技术,2014,42(5):55 - 57,61.

[59] 朱红青,辛邈,常明然,等.煤介电常数测量技术研究进展[J].煤炭科学技术,2016,44(9):6 - 12.

[60] Wu J J,Liu X C. Risk assessment of underground coal fire development at regional scale [J]. International Journal of Coal Geology,2011,86(1):87 - 94.

[61] Qin B T,Li L,Ma D,et al. Control technology for the avoidance of the simultaneous occurrence of a methane explosion and spontaneous coal combustion in a coal mine:A case study [J]. Process Safety and Environmental Protection,2016,103:203 - 211.

[62] Qi X Y,Wei C X,Li Q Z,et al. Controlled-release inhibitor for preventing the spontaneous combustion of coal [J]. Natural Hazards,2016,82(2):891 - 901.

[63] 朱红青,李峰,张悦,等. 自动均压防灭火系统监控软件设计与气压分布模拟[J].煤炭科学技术,2013,41(3):88 - 91.

[64] 张建民,管海晏,曹代勇. 中国地下煤火研究与治理[M].北京:煤炭工业出版社,2008.

[65] 张安全.物探方法在煤田勘探、灭火中的应用[J].西部探矿工程,2008,20(8):122 - 124.

[66] Qi X,Wang D,Qin B,et al. Status and prospect of the mechanism and prevention of coalfield fire [J]. Disaster Advances,2013,6:282 - 289.

[67] Shi X X. Research and application of comprehensive electromagnetic detection technique in spontaneous combustion area of coalfields [J]. Safety Science,2012,50(4):655 - 659.

[68] Dunnington L,Nakagawa M. Fast and safe gas detection from underground coal fire by drone fly over [J]. Environmental Pollution,2017,229:139 - 145.

[69] 王海燕,冯超,檀学宇,等. 复杂火区条件下煤火圈划和火源位置探测方法及应用[J].中国安全生产科学技术,2013,9(7):95 - 99.

[70] 武建军,刘晓晨,蒋卫国,等.新疆地下煤火风险分布格局探析[J].煤炭学报,2010,35(7):1147 - 1154.

[71] Shao Z L,Wang D M,Wang Y M,et al. Theory and application of magnetic and self-potential methods in the detection of the Heshituoluogai coal fire,China [J]. Journal of Applied Geophysics,2014,104(1):64 - 74.

[72] 张秀山.磁法探测煤层自燃火区[J].煤田地质与勘探,1980(6):45 - 50.

[73] Ide T S,Crook N,Orr F M J. Magnetometer measurements to characterize a sub-

surface coal fire [J]. International Journal of Coal Geology,2011,87(3/4):190 - 196.

[74] 朱晓颖,于长春,熊盛青,等.磁法在煤火探测中的应用[J].物探与化探,2007,31(2):115 - 119.

[75] 吉宏泰,梁璐.现代勘查技术在蒙东地区煤炭火区中的应用[J].金属矿山,2015,44(4):186 - 190.

[76] Karaoulis M,Revil A,Mao D. Localization of a coal seam fire using combined self-potential and resistivity data [J]. International Journal of Coal Geology,2014,128/129(3):109 - 118.

[77] 张秀山.新疆煤田火烧区特征及灭火问题探讨[J].中国煤炭地质,2004,16(1):18 - 21.

[78] Li B,Uchino K,Lnoue M. Fundamental studies on locating spontaneous combustion of coal by the self-potential method[J]. Mining Technology,2013,114(1):53 - 63.

[79] 邵振鲁.煤田火灾磁、电异常演变特征及综合探测方法研究[D].徐州:中国矿业大学,2017.

[80] Shao Z L,Wang D M,Wang Y M,et al. Electrical resistivity of coal-bearing rocks under high temperature and the detection of coal fires using electrical resistance tomography [J]. Geophysical Journal International,2016,204(2):1316 - 1331.

[81] Bharti A K,Pal S K,Priyam P,et al. Detection of illegal mine voids using electrical resistivity tomography:The case-study of Raniganj coalfield (India) [J]. Engineering Geology,2016,213:120 - 132.

[82] Revil A,Karaoulis M,Srivastava S,et al. Thermoelectric self-potential and resistivity data localize the burning front of underground coal fires [J]. Geophysics,2013,78(5):B259 - B273.

[83] 蔡忠勇.高分辨和瞬变电磁法在煤田火区环境地质灾害治理中的应用[J].中国矿业,2008,17(9):96 - 98.

[84] 邵振鲁,王德明,王雁鸣.高密度电法探测煤火的模拟及应用研究[J].采矿与安全工程学报,2013,30(3):468 - 474.

[85] 李晓春,李喜平,徐广明.自然电位法在煤田火区勘察中的应用[J].物探与化探,2012,36(3):382 - 385.

[86] 王恩元,何学秋,李忠辉,等.煤岩电磁辐射技术及其应用[M].北京:科学出版社,2009.

[87] Yoshida S,Ogawa T. Electromagnetic emissions from dry and wet granite associated with acoustic emissions [J]. Journal of Geophysical Research:Solid Earth,2004,109

(B9):1 - 18.

[88] Greiling R O,Greiling H,Hennes O. Natural electromagnetic radiation（EMR）and its application in structural geology and neotectonics [J]. Journal of the Geological Society of India,2010,75(1):278 - 288.

[89] 钱书清,张以勤,曹惠馨,等. 岩石破裂时产生电磁脉冲的观测与研究[J]. 地震学报,1986,8(3):75 - 82.

[90] 朱元清,罗祥麟,郭自强,等. 岩石破裂时电磁辐射的机理研究[J]. 地球物理学报,1991,34(5):594 - 601.

[91] 张建国,焦立果,刘晓灿,等. 汶川 MS8.0 级地震前后 ULF 电磁辐射频谱特征研究[J]. 地球物理学报,2013,56(4):1253 - 1261.

[92] 何学秋,刘明举. 含瓦斯煤岩破坏电磁动力学[M]. 徐州:中国矿业大学出版社,1995.

[93] Nitsan U. Electromagnetic emission accompanying fracture of quartz - bearing rocks [J]. Geophysical Research Letters,1977,4(8): 333 - 336.

[94] Гохберг М Б,Гуфельд И Л,И другие. Электромагнитные эффекты при разрушении земли коры [J]. Физика Земли,1985,(1):71 - 87.

[95] Ogawa T,Oike K,Miura T. Electromagnetic radiations from rocks [J]. Journal of Geophysical Research Atmospheres,1985,90(D4):6245.

[96] Cress G O,Brady B T,Rowell G A. Sources of electromagnetic radiation from fracture of rock samples in the laboratory [J]. Geophysical Research Letters,1987,14(4):331 - 334.

[97] 郭自强,尤峻汉,李高,等. 破裂岩石的电子发射与压缩原子模型[J]. 地球物理学报,1989,32(2):173 - 177.

[98] He X Q,Chen W X,Nie B S,et al. Electromagnetic emission theory and its application to dynamic phenomena in coal-rock [J]. International Journal of Rock Mechanics and Mining Sciences,2011,48(8):1352 - 1358.

[99] Wang E Y,He X Q,Wei J P,et al. Electromagnetic emission graded warning model and its applications against coal rock dynamic collapses [J]. International Journal of Rock Mechanics and Mining Sciences,2011,48(4):556 - 564.

[100] 王恩元,何学秋. 煤岩变形及破裂电磁辐射信号的 R/S 统计规律[J]. 中国矿业大学学报,1998,27(4):349 - 351.

[101] 魏建平,何学秋,王恩元,等. 煤与瓦斯突出电磁辐射多重分形特征[J]. 辽宁工程技术大学学报(自然科学版),2005,24(1):1 - 4.

[102] 姚精明,闫永业,税国洪,等. 煤岩体破裂电磁辐射分形特征研究[J]. 岩石力学与工程学报,2010,29(S2):4102-4107.

[103] 邹喜正,窦林名,徐方军. 分维在电磁辐射技术预测冲击矿压中的应用[J]. 辽宁工程技术大学学报(自然科学版),2002,21(4):452-455.

[104] 龚强,胡祥云,张胜业,等. 岩石破裂电磁辐射频率与弹性参数的关系[J]. 地球物理学报,2006,49(5):1523-1528.

[105] Frid V. Electromagnetic radiation method for rock and gas outburst forecast [J]. Journal of Applied Geophysics,1997,38(2):97-104.

[106] Хатиашвили Н Г. 论碱性卤素结晶体和岩石中裂隙形成时的电磁效应[C]//钱学栋. 地震地电学译文集. 北京:地震出版社,1989:149-158.

[107] Lichtenberger M. Underground measurements of electromagnetic radiation related to stress-induced fractures in the odenwald mountains (Germany) [J]. Pure and Applied Geophysics,2006,163(8):1661-1677.

[108] Airuni A T,Zverev I V,Dolgova M O. Physical and physico-chemical principles of prediction and control of gas emission at coal mines[R]. Proceeding of the 21st International Conference of Safety in Mines Research Institutes,Australia,1985:297-303.

[109] 肖红飞,冯涛,何学秋,等. 煤岩动力灾害电磁辐射预测技术中力电耦合方法的研究及应用[J]. 岩石力学与工程学报,2005,24(11):1881-1887.

[110] 王恩元,贾慧霖,李楠,等. 煤岩损伤破坏 ULF 电磁感应实验研究[J]. 煤炭学报,2012,37(10):1658-1664..

[111] Li C W,Yang W,Wang Q F. A method to determine the location of local mine earthquake source by using coal fracture electromagnetic signal [J]. Chinese Journal of Geophysics,2014,57(3):1001-1011.

[112] Srilakshmi B,Misra A. Electromagnetic radiation during opening and shearing modes of fracture in commercially pure aluminium at elevated temperature[J]. Materials Science and Engineering:A,2005,404(1/2):99-107.

[113] 梁俊义. 煤岩加热过程的声电效应研究[D]. 徐州:中国矿业大学,2012.

[114] 高芸. 煤体受热损伤过程的声电效应研究[D]. 徐州:中国矿业大学,2014.

[115] 马占国,茅献彪,李玉寿,等. 温度对煤力学特性影响的实验研究[J]. 采矿与安全工程学报,2005,22(3):46-48.

[116] 周建勋,王桂梁,邵震杰. 煤的高温高压实验变形研究[J]. 煤炭学报,1994,19(3):324-332.

[117] 刘俊来,杨光,马瑞. 高温高压实验变形煤流动的宏观与微观力学表现[J]. 科学通

报,2005,50(S1):56 - 63.

[118] 谢建林,赵阳升. 随温度升高煤岩体渗透率减小或波动变化的细观机制[J]. 岩石力学与工程学报,2017,36(3):543 - 551.

[119] 冯子军,赵阳升,万志军,等. 热力耦合作用下无烟煤变形过程中渗透特性[J]. 煤炭学报,2010,35(S1):86 - 90.

[120] Sun Q, Lü C, Cao L W, et al. Thermal properties of sandstone after treatment at high temperature [J]. International Journal of Rock Mechanics and Mining Sciences,2016, 85:60 - 66.

[121] Kong B, Wang E Y, Li Z H, et al. Fracture mechanical behavior of sandstone subjected to high-temperature treatment and its acoustic emission characteristics under uniaxial compression conditions[J]. Rock Mechanics and Rock Engineering,2016,49(12): 4911 - 4918.

[122] 赵洪宝,尹光志,谌伦建. 温度对砂岩损伤影响试验研究[J]. 岩石力学与工程学报,2009,28(A01):2784 - 2788.

[123] 赵阳升,万志军,张渊,等. 岩石热破裂与渗透性相关规律的试验研究[J]. 岩石力学与工程学报,2010,29(10):1970 - 1976.

[124] 孟巧荣. 热解条件下煤孔隙裂隙演化的显微 CT 实验研究[D]. 太原:太原理工大学,2011.

[125] 冯子军,赵阳升,万志军,等. 热力耦合作用下无烟煤变形过程中渗透特性[J]. 煤炭学报,2010,35(S1):86 - 90.

[126] 张永利,曹竹,肖晓春,等. 温度作用下煤体裂隙演化规律数值模拟及声发射特性研究[J]. 力学与实践,2015,37(3):350 - 354.

[127] 左建平,谢和平,周宏伟,等. 不同温度作用下砂岩热开裂的实验研究[J]. 地球物理学报,2007,50(4):1150 - 1155.

[128] Chen Y, Wu X D, Zhang F Q. Experimental research on rock thermal cracking [J]. Chinese Science Bulletin (in Chinese),1999,4(8):880 - 883.

[129] Chmel A, Shcherbakov I. Microcracking in impact-damaged granites heated up to 600 ℃[J]. Journal of Geophysics and Engineering,2015,12(3):485 - 491.

[130] 郭清露,荣冠,姚孟迪,等. 大理岩热损伤声发射力学特性试验研究[J]. 岩石力学与工程学报,2015,34(12):2388 - 2400.

[131] 吴刚,翟松韬,孙红,等. 高温下盐岩的声发射特性试验研究[J]. 岩石力学与工程学报,2014,33(6):1203 - 1211.

[132] 武晋文,赵阳升,万志军,等. 高温均匀压力花岗岩热破裂声发射特性实验研究

[J].煤炭学报,2012,37(7):1111-1117.

[133] 李纪汉,刘晓红,郝晋昇.温度对岩石的弹性波速和声发射的影响[J].地震学报,1986,8(3):67-74.

[134] 蒋海昆,张流,周永胜.地壳不同深度温压条件下花岗岩变形破坏及声发射时序特征[J].地震学报,2000,22(4):395-403.

[135] 武晋文,赵阳升,万志军,等.高温均匀压力花岗岩热破裂声发射特性实验研究[J].煤炭学报,2012,37(7):1111-1117.

[136] Chmel A,Shcherbakov I. Temperature dependence of acoustic emission from impact fractured granites [J]. Tectonophysics,2014,632:218-223.

[137] 王作棠,付振坤,焦景立,等.地下气化火焰工作面位置微地震探测[J].采矿与安全工程学报,2008,25(4):394-399.

[138] 左建平,满轲,曹浩,等.热力耦合作用下岩石流变模型的本构研究[J].岩石力学与工程学报,2008,27(S1):2610-2616.

[139] Liu S,Xu J Y. Analysis on damage mechanical characteristics of marble exposed to high temperature [J]. International Journal of Damage Mechanics,2015,24(8):1180-1193.

[140] Raude S,Laigle F,Giot R,et al. A unified thermoplastic/viscoplastic constitutive model for geomaterials [J]. Acta Geotechnica,2016,11(4):849-869.

[141] Laloui L,Cekerevac C. Thermo-plasticity of clays[J]. Computers and Geotechnics,2003,30(8):649-660.

[142] 刘泉声,许锡昌,山口勉,等.岩石时-温等效原理的理论与实验研究:第二部分:岩石时-温等效原理主曲线与移位因子[J].岩石力学与工程学报,2002,21(3):320-325.

[143] 刘泉声,王崇革.岩石时-温等效原理的理论与实验研究:第一部分:岩石时-温等效原理的热力学基础[J].岩石力学与工程学报,2002,21(2):193-198.

[144] 高峰,徐小丽,杨效军,等.岩石热黏弹塑性模型研究[J].岩石力学与工程学报,2009,28(1):74-80.

[145] 王海燕,周心权,张红军,等.煤田露头自燃的渗流-热动力耦合模型及应用[J].北京科技大学学报,2010,32(2):152-157.

[146] 肖旸.煤田火区煤岩体裂隙渗流的热—流—固多场耦合力学特性研究[D].西安:西安科技大学,2013.

[147] 庞丹.煤岩导热特性实验研究[D].阜新:辽宁工程技术大学,2015.

[148] 王甲春.采空区遗煤低温氧化及温度场分布规律研究[D].淮南:安徽理工大学,2010.

[149] 程远平,李增华. 煤炭低温吸氧过程及其热效应[J]. 中国矿业大学学报,1999,28(4):310-313.

[150] 岳高伟,李豪君,王兆丰,等. 松散煤体导热系数的温度及粒度效应[J]. 中国安全生产科学技术,2015,11(2):17-22.

[151] 张世煜,谢安国. 焦炉炭化室热过程的二维数值模拟[J]. 冶金能源,2013,32(1):20-25

[152] Price C P,Newman D E. Using the R/S statistic to analyze AE data [J]. Journal of Atmospheric and Solar-Terrestrial Physics,2001,63(13):1387-1397

[153] Kong B,Wang E Y,Li Z H,et al. Electromagnetic radiation characteristics and mechanical properties of deformed and fractured sandstone after high temperature treatment [J]. Engineering Geology,2016,209:82-92.

[154] Kong B,Wang E Y,Li Z H,et al. Acoustic emission signals frequency-amplitude characteristics of sandstone after thermal treated under uniaxial compression [J]. Journal of Applied Geophysics,2017,136:190-197.

[155] 虞继舜. 煤化学[M]. 北京:北京冶金工业出版社,2000.

[156] 蔚立元,李光雷,苏海健,等. 高温后无烟煤静动态压缩力学特性研究[J]. 岩石力学与工程学报,2017,36(11):2712-2719.

[157] 戎虎仁,白海波,王占盛. 不同温度后红砂岩力学性质及微观结构变化规律试验研究[J]. 岩土力学,2015,36(2):463-469.

[158] Zuo J P,Xie H P,Zhou H W,et al. Experimental research on thermal cracking of sandstone under different temperature [J]. Chinese Journal of Geophysics,2007,50(4):1150-1155.

[159] 孟巧荣,赵阳升,胡耀青,等. 褐煤热破裂的显微CT实验[J]. 煤炭学报,2011,36(5):855-860.

[160] 张渊,曲方,赵阳升. 岩石热破裂的声发射现象[J]. 岩土工程学报,2006,28(1):73-75.

[161] 孙建国. 岩石物理学基础[M]. 北京:地质出版社,2006.

[162] 孟磊. 煤电性参数的实验研究[D]. 焦作:河南理工大学,2010.

[163] 何继善,吕绍林. 瓦斯突出地球物理研究[M]. 北京:煤炭工业出版社,1999.

[164] 万琼芝. 煤的电阻率和相对介电常数[J]. 矿业安全与环保,1982(1):19-26.

[165] 孙正江,王华俊. 地电概论[M]. 北京:地震出版社,1984.

[166] He X Q,Chen W X,Nie B S,et al. Electromagnetic emission theory and its application to dynamic phenomena in coal-rock [J]. International Journal of Rock Mechanics

and Mining Sciences,2011,48(8):1352 - 1358.

[167] 王恩元,何学秋,刘贞堂,等. 受载煤体电磁辐射的频谱特征[J]. 中国矿业大学学报,2003,32(5):487 - 490.

[168] 邵保平,赵阳升,万志军,等. 热力耦合作用下花岗岩流变模型的本构关系研究[J].岩石力学与工程学报,2009,28(5):956 - 967.

[169] 秦本东,罗运军,门玉明,等. 高温下石灰岩和砂岩膨胀特性的试验研究[J]. 岩土力学,2011,32(2):417 - 422.

[170] Myer L R,Kemeny J M,Zheng Z,et al. Extensile cracking in porous rock under differential compressive stress [J]. Applied Mechanics Reviews,1992,45(8): 263 - 280.

[171] 盖顿,伍法德. 火焰学[M]. 王方,译. 北京:中国科学技术出版社,1994.

[172] 闫伟杰. 基于光谱分析和图像处理的火焰温度及辐射特性检测[D]. 武汉:华中科技大学,2014.

[173] 梁慧君,赵枫. 火焰电荷分布特性的试验研究[J]. 消防科学与技术,2014,33(5):506 - 509.

[174] 许世海,刘治中. 烃火焰中的离子及其对燃烧进程的影响[J]. 燃烧科学与技术,1995,1(4):347 - 353.

[175] Freund F. Toward a unified solid state theory for pre-earthquake signals[J]. Acta Geophysica,2010,58(5):719 - 766.

[176] Ricci D,Pacchioni G,Szymanski M A,et al. Modeling disorder in amorphous silica with embedded clusters:The peroxy bridge defect center[J]. Physical Review B,2001,64(22):224104.

[177] Freund F. Conversion of dissolved "water" into molecular hydrogen and peroxy linkages[J]. Journal of Non-Crystalline Solids,1985,71(1):195 - 202.

[178] Leeman J R,Scuderi M M,Marone C,et al. On the origin and evolution of electrical signals during frictional stick slip in sheared granular material[J]. Journal of Geophysical Research Solid Earth,2014,119(5):4253 - 4268.

[179] Freund F T,Takeuchi A,Lau B W S. Electric currents streaming out of stressed igneous rocks-A step towards understanding pre - earthquake low frequency EM emissions [J]. Physics and Chemistry of the Earth,2006,31(4):389 - 396.

[180] 位爱竹. 煤炭自燃自由基反应机理的实验研究[D]. 徐州:中国矿业大学,2008.

[181] Krabicka J,Lu G,Yan Y. Profiling and characterization of flame radicals by combining spectroscopic imaging and neural network techniques [J]. IEEE Transactions on Instrumentation and Measurement,2011,60(5):1854 - 1860.

[182] Bombach R, Käppeli B. Simultaneous visualisation of transient species in flames by planar-laser-induced fluorescence using a single laser system [J]. Applied Physics B, 1999,68(2):251 – 255.

[183] 马占国,唐芙蓉,戚福周,等. 高温砂岩热膨胀系数变化规律试验研究[J]. 采矿与安全工程学报,2017,34(1):121 – 126.

[184] 周建勋,王桂梁,邵震杰. 煤的高温高压实验变形研究[J]. 煤炭学报,1994,19(3):324 – 332.

[185] Cardani G, Meda A. Marble behaviour under monotonic and cyclic loading in tension [J]. Construction and Building Materials,2004,18(6):419 – 424.

[186] Ferrero A M, Marini P. Experimental studies on the mechanical behaviour of two thermal cracked marbles [J]. Rock Mechanics and Rock Engineering,2001,34(1):57 – 66.

[187] Bellopede R, Ferrero A M, Manfredotti L, et al. Thermal stresses [M]//Fracture and Failure of Natural Building Stones. Dordrecht:Spring Netherlands:397 – 425.

[188] Spagnoli A, Ferrero A M, Migliazza M. A micromechanical model to describe thermal fatigue and bowing of marble [J]. International Journal of Solids and Structures, 2011,48(18):2557 – 2564.

[189] Ferrero A M, Migliazza M, Spagnoli A. Theoretical modelling of bowing in cracked marble slabs under cyclic thermal loading [J]. Construction and Building Materials,2009,23(6):2151 – 2159.

[190] He X Q, Chen W X, Nie B S, et al. Electromagnetic emission theory and its application to dynamic phenomena in coal-rock [J]. International Journal of Rock Mechanics and Mining Sciences,2011,48(8):1352 – 1358.

[191] 聂百胜,何学秋,王恩元,等. 煤岩力电耦合模型及其参数计算[J]. 中国矿业大学学报,2007,36(4):505 – 508.

[192] 刘泉声,许锡昌. 温度作用下脆性岩石的损伤分析[J]. 岩石力学与工程学报,2000,19(4):408 – 411.

[193] 刘志军,杨栋,邵继喜. 温度影响下油页岩动力学参数的实验研究[J]. 黑龙江科技大学学报,2017,27(4):396 – 399.

[194] 杨桢,代爽,李鑫,等. 受载复合煤岩变形破裂力电热耦合模型[J]. 煤炭学报,2016,41(11):2764 – 2772.

[195] 马砺,刘庚,肖旸,等. 煤田火区发展演化的多场耦合作用过程[J]. 科技导报,2016,34(2):190 – 194.

[196] Yamada I，Masuda K，Mizutani H. Electromagnetic and acoustic emission associated with rock fracture[J]. Physics of the Earth and Planetary Interiors，1989，57(1/2)：157-168.

[197] 徐为民，童芫生，吴培稚. 岩石破裂过程中电磁辐射的实验研究[J]. 地球物理学报，1985，28(2)：181-190.

[198] 郭自强，刘斌. 岩石破裂电磁辐射的频率特性[J]. 地球物理学报，1995，38(2)：221-226.

[199] 宋晓艳. 煤岩物性的电磁辐射响应特征与机制研究[D]. 徐州：中国矿业大学，2009.

[200] 熊皓. 电磁波传播与空间环境[M]. 北京：电子工业出版社，2004.

[201] 贾慧霖. 受载煤岩变形破裂低频电磁信号规律特征与机理研究[D]. 徐州：中国矿业大学，2010.

[202] 王恩元，何学秋，刘贞堂. 煤岩电磁辐射特性及其应用研究进展[J]. 自然科学进展，2006，16(5)：532-536.

[203] 彭仲秋. 瞬变电磁场[M]. 北京：高等教育出版社，1989.

[204] 李忠辉. 受载煤体变形破裂表面电位效应及其机理的研究[D]. 徐州：中国矿业大学，2007.

[205] 冯俊军，王恩元，沈荣喜，等. 基于克里金插值法的煤体应力场分布规律研究[J]. 煤炭科学技术，2013，41(2)：38-41.

[206] 何学秋，聂百胜，王恩元，等. 矿井煤岩动力灾害电磁辐射预警技术[J]. 煤炭学报，2007，32(1)：56-59.

[207] 郑治真. 波谱分析基础[M]. 北京：地震出版社，1983.

[208] 新疆煤田灭火工程局. 新疆维吾尔自治区第三次煤田火灾普查报告[R]. 乌鲁木齐：新疆煤田灭火工程局，2009.

[209] 曹远远，陈飞. 乌鲁木齐大泉湖煤田自燃特征及环境影响[J]. 山东煤炭科技，2017(5)：110-112.

# 致　　谢

　　本书是在博士论文基础上修改而成,首先感谢我的导师李增华教授和王恩元教授,博士论文是在两位导师的悉心指导下完成的,从选题到定稿无不凝聚着两位老师的心血和汗水。恩师和蔼的笑容、渊博的知识、严谨的治学态度、务实的科研作风、孜孜不倦的育人态度、忘我的工作精神,将让我受益终生。在博士论文撰写期间,老师要求严格,针对论文中的一些细节问题与我进行了深入的讨论和研究,提出了许多宝贵的意见和建议。在此谨向两位恩师致以崇高的敬意和衷心的感谢!

　　特别感谢刘贞堂教授、李忠辉教授、杨永良教授、刘晓斐副教授、沈荣喜副教授、宋大钊副教授、刘杰副教授、陈鹏副教授、徐剑坤高工、李楠副研究员、赵恩来讲师、刘震讲师、欧建春讲师、贾慧霖讲师、陈亮讲师、冯俊军讲师、李学龙讲师、季淮君讲师、周银波讲师和张兰君讲师在日常学习、生活过程中给予的支持和帮助!

　　特别感谢王笑然博士、闫道成硕士、李智威硕士、徐俊硕士、林松硕士、湛堂啟硕士、高瑞亭硕士、段宇建硕士、李红儒硕士、韩旭硕士、李金铎硕士、鞠云强硕士等在实验室试验及论文写作方面的协助!

　　感谢同门及好友曹佐勇博士、钮月博士、孔祥国博士、李保林博士、娄全博士、邱黎明博士、张志博博士、王超杰博士、耿龙建硕士、房保飞硕士、张松山硕士、刘宝贝硕士、王亚博硕士等几年来在科研路上一起度过的美好时光。

　　感谢司磊磊博士、李金虎博士、高智硕士、刘亚楠硕士、周俊硕士、张小艳硕士、刘立威硕士等课题组兄弟姐妹在日常工作和学习过程中的无私帮助!

　　感谢安全学院15级李林、高云骥、张浩、秦雷、刘厅、董骏、涂庆毅、苏贺涛、汤研、常章玉、郭畅等各位博士,与他们相处的日子充实快乐,终生难忘,愿在博士生涯中结下的友谊之花永远盛开!

　　感谢安全学院各位领导、老师五年来对我的帮助。

　　感谢新疆煤田灭火局白边江主任、魏军总工程师、陈越峰主任、吕忠工程师等在现场测试中给予的帮助和协作。

　　特别感谢我的父母家人多年来对我学业的支持和鼓励,本书凝聚着他们殷切的希望,我将永远铭记他们的恩情。

　　感谢所引用参考文献的作者,他们卓有成效的工作让我受益匪浅。

　　感谢各位专家在百忙之中审阅本书,并热切希望得到您的指导和帮助。